Auguste Bravais

A. Bravais' Abhandlungen über symmetrische Polyeder

Auguste Bravais

A. Bravais' Abhandlungen über symmetrische Polyeder

ISBN/EAN: 9783744611213

Hergestellt in Europa, USA, Kanada, Australien, Japan

Cover: Foto ©berggeist007 / pixelio.de

Weitere Bücher finden Sie auf **www.hansebooks.com**

A. BRAVAIS' ABHANDLUNGEN

über

SYMMETRISCHE POLYEDER.

(1849.)

Uebersetzt

und in Gemeinschaft mit P. Groth herausgegeben

von

C. und E. Blasius.

Mit 1 Tafel.

LEIPZIG

VERLAG VON WILHELM ENGELMANN

1890.

Notiz
über
die symmetrischen Polyeder der Geometrie

von

A. Bravais,
Professor an der Polytechnischen Schule.

Man nennt zwei Polyeder symmetrisch, wenn sie in gleicher Weise, das eine über, das andere unter einer Ebene construirt sind, mit der Bedingung, dass ihre homologen Ecken gleich weit von dieser Ebene entfernt sind und auf einer und derselben Normalen zu dieser Ebene liegen (*Legendre*, Géométrie liv. 6).

Ich nenne **inverse** Polyeder zwei Polyeder, deren homologe Ecken in gleichem Abstand von einem gegebenen Punkte, auf ein und derselben, durch diesen Punkt gehenden Geraden, aber auf entgegengesetzten Seiten liegen.

Ich werde das erste, als gegeben vorausgesetzte Polyeder mit P bezeichnen und mit p sein Inverses: Man sieht, dass umgekehrt P das Inverse von p sein wird.

Ich werde Symmetriepol der beiden Polyeder den Punkt nennen, durch welchen alle Geraden gehen, welche die homologen Ecken der beiden Polyeder paarweise verbinden.

Denkt man sich aus den beiden Polyedern P, p ein einziges Polyeder (P, p) gebildet, so nennt man den besagten Punkt: Symmetriecentrum des Polyeders.

Satz I. — Wenn der Symmetriepol des festgedachten Polyeders P sich bewegt, so verwandelt sich dessen Inverses p in ein neues Inverses p', und p lässt sich immer durch eine einfache, allen Ecken gemeinsame Translation in p' überführen.

Es seien C, Fig. 1, der erste, C' der zweite Symmetriepol, und S eine beliebige Ecke des festgedachten Polyeders P. Sei s ihr homologer Punkt vor der Verschiebung von C, und s' derselbe nach dieser Verschiebung.

Aus $Cs = CS$, $C's' = C'S$ folgt, dass $ss' = 2CC'$, ferner, dass ss' parallel mit CC' ist. Es seien ebenso t und t' die beiden Lagen, welche eine andere Ecke des inversen Polyeders nach einander einnimmt. Man hätte dann in derselben Weise $tt' = 2CC'$, tt' parallel mit CC'. Wenn man also das Polyeder verschiebt, indem man es in der Richtung von C gegen C' hin bewegt, und zwar parallel mit CC', und um einen Betrag $= 2CC'$, so gelangt es zur Deckung mit dem Polyeder p'. Q. e. d.

Zusatz: Es folgt daraus, dass, wenn ein Polyeder P gegeben ist, sein Inverses, sowohl was seine Form, als die Richtung seiner Theile in Bezug auf den absoluten Raum betrifft, vollkommen bestimmt ist; jedoch bleibt der Ort, den es einnehmen wird, unbestimmt und hängt von der Lage des Symmetriepoles ab.

Satz II. — In zwei inversen Polyedern sind die homologen Flächen paarweise einander gleich, und die Neigung zweier benachbarter Flächen in einem dieser beiden Körper ist der Neigung der homologen Flächen in dem anderen gleich.

Dieser Satz liesse sich beweisen wie der Satz II des sechsten Buches von *Legendre*, indem man Scheiteldreiecke statt der bei dem Beweise benutzten Trapeze mit gleicher Basis nimmt. Aber man kann auch auf einfachere Art verfahren wie folgt:

Es sei zu beweisen, dass sowohl die Kanten, als auch die Kantenwinkel und die Flächenwinkel, welche die körperliche Ecke S, Fig. 2, bilden, dieselben sind, wie ihre homologen im inversen Polyeder. Da die Wahl des Symmetriepoles freisteht, nehmen wir S als Pol, verlängern die Kanten SM, SN, SP, SQ um $Sm = SM$, $Sn = SN$, $Sp = SP$, $Sq = SQ$ u. s. w. Die beiden entgegengesetzten körperlichen Ecken werden nach Construction augenscheinlich paarweise einander gleiche Kanten haben, ihre Kantenwinkel werden als Scheitelwinkel paarweise gleich sein, und ihre Flächenwinkel werden ebenfalls als Scheitelwinkel gleich gross sein; nun sind sowohl diese Kanten, als auch die Kanten- und Flächenwinkel im Polyeder und in seinem Inversen einander homolog. Derselbe Beweis lässt sich für alle körperlichen Ecken, folglich auch für alle Kanten- und Flächenwinkel anwenden. Also sind die Flächen bei beiden Polyedern gleich und zu einander gleich geneigt. Q. e. d.

[15] *Satz III.* — Wenn man das Polyeder p, das Inverse von P, um zwei rechte Winkel um eine durch den Symmetriepol C gehende Gerade dreht, so wird das Polyeder p', welches man auf diese Weise erhält, symmetrisch zu P in Beziehung auf die Ebene sein, welche normal zur Rotationsachse durch C gelegt ist.

Sei NN', Fig. 3, die gegebene Gerade und QCQ' die durch C zu ihr senkrecht gelegte Ebene; sei S eine beliebige Ecke des Polyeders P, und s ihre Homologe im inversen Polyeder. Man fälle von s das Loth sr auf NN' und verlängere dasselbe bis s' um die Entfernung $rs' = rs$. Es ist ersichtlich, dass nach einer halben Umdrehung um NN', s nach s' kommen wird. Verbinde S mit s'. Da $sC = CS$, $sr = rs'$, so wird Ss' parallel mit NN' sein und folglich normal zu der Ebene QQ'. Wenn R der Schnittpunkt von Ss' mit der Ebene QQ' ist, so wird die Gerade CR normal zu NN' und folglich parallel mit ss' sein. Nun hat man $sC = CS$, also auch $SR = Rs'$. Folglich ist s' die homologe Ecke von S in dem Polyeder, das symmetrisch in Bezug auf P unter der Ebene QQ' construirt ist. Das Gleiche würde mit jeder anderen Ecke des Polyeders P der Fall sein. Also wird eine Drehung von zwei rechten Winkeln um NN' das Inverse p zur Deckung mit p', dem Symmetrischen von P in Bezug auf die Ebene QQ', bringen. Q. e. d.

Anmerkung. — Die Ebene QCQ' kann die Symmetrieebene des Polyeders (P, p') genannt werden, wenn man (P, p') als ein einziges Polyeder auffasst.

Satz IV. — Umgekehrt wird auch p', das Symmetrische von P in Bezug auf eine beliebige Ebene QQ', wenn man es um zwei rechte Winkel um eine Normale zu der Ebene dreht, zu einem der Inversen von P werden, und der Symmetriepol liegt dann in dem Schnittpunkt C der Ebene und der Rotationsaxe.

Denn wenn man das Inverse p construirt, indem man C zum Symmetriepol nimmt, so können p und p' zur Deckung gebracht werden, p mit p' oder p' mit p, durch eine Drehung um zwei rechte Winkel um NN'.

Zusatz I. — Es folgt aus den beiden vorhergehenden Sätzen, dass die verschiedenen zu P symmetrischen Polyeder, was ihre Form betrifft, nichts anderes sind als sein inverses Polyeder, und dass dieselben, was die Richtung ihrer Theile betrifft, den verschiedenen Polyedern gleich sind, welche durch Drehungen des

Inversen p um zwei Rechte um willkürlich gewählte Axen erhalten werden.

[16] Zwei inverse Polyeder eines gegebenen Polyeders P sind immer im Raume gleich gerichtet. Es verhält sich nicht so mit zwei symmetrischen Polyedern von P, ausgenommen wenn die beiden Symmetrieebenen, welche sie bestimmen, unter einander parallel sind.

Zusatz II. — Zwei Polyeder, die in Bezug auf zwei willkürlich gewählte Ebenen symmetrisch zu P sind, können immer zur Deckung gebracht werden, denn sie können beide mit einem inversen Polyeder von P zur Deckung gebracht werden.

Satz V. — **In zwei symmetrischen Polyedern sind die homologen Flächen paarweise einander gleich.** (Das Uebrige ist wie im *Satz II*.)

Dies ist der zweite Lehrsatz des 6. Buches von *Legendre*. Er leuchtet ein, da das symmetrische Polyeder immer mit dem Inversen zusammenfallen kann, und weil das Inverse, im Verhältniss zum ursprünglichen Polyeder, nach unserem *Satz II* die hier ausgesprochenen Eigenschaften besitzt.

Uebrigens ist der Beweis dieses Satzes unnöthig.

Satz VI. — **Zwei Scheitelecken sind zu einander invers.**

In der That ist ihr gemeinsamer Scheitelpunkt ihr Symmetriepol.

Satz VII. — **Die Ebene, welche durch zwei gegenüberliegende Kanten eines Parallelepipedons geht, theilt es in zwei inverse Prismen, und die einander gegenüberliegenden körperlichen Ecken sind invers zu einander.**

Man zeigt zuerst, dass die Diagonalen sich in demselben Punkte schneiden. Dieser Punkt ist also das Symmetriecentrum des Parallelepipedons.

Wenn man alsdann die beiden Prismen als zwei verschiedene Polyeder ansieht, so wird das Symmetriecentrum ein Symmetriepol, also sind auch die gegenüber liegenden körperlichen Ecken inverse, ebenso wie die beiden Prismen. (Sätze V und VI des 6. Buches der *Géométrie* von *Legendre*.)

Satz VIII. — **Auf der Kugel hat jedes sphärische Polygon P sein Inverses p, dessen Ecken denen des gegebenen Polygons diametral gegenüber liegen.** Wenn man p um 180^0 um einen Durchmesser der Kugel dreht, so [17] wird das neue Polygon symmetrisch zu dem Polygon P sein in Bezug auf die Ebene desjenigen grössten Kreises, welcher normal zu dem als Rotationsaxe gewählten Durchmesser ist.

Das folgt daraus, dass der Mittelpunkt der Kugel zum Symmetriepol genommen ist.

Umgekehrt kann jedes symmetrische Polygon des sphärischen Polygons P, durch eine halbe Umdrehung um den zur Symmetrieebene normalen Durchmesser, mit seinem Inversen p zur Deckung gebracht werden.

[18] [19]
Abhandlung über die Polyeder von symmetrischer Form.

[20]

Abhandlung
über
die Polyeder von symmetrischer Form
von
A. Bravais,
Professor an der Polytechnischen Schule.

In den Untersuchungen, welche wir über die Polyeder machen wollen, werden wir ihre Flächen und ihre Kanten ganz ausser Acht lassen, um nur ihre Ecken zu betrachten, so dass jedes Polyeder für uns ein Aggregat von verschiedenen Punkten sein wird, deren Anzahl eine begrenzte ist und welche in einer gewissen Weise um ihren Schwerpunkt vertheilt sind.

Definition I. — Ich werde Symmetriecentrum eines Polyeders einen Punkt C Fig. 1 nennen, wenn, falls ich diesen Punkt mit irgend einer Ecke S des Polyeders verbinde und CS um eine ihr selbst gleiche Grösse verlängere, der so erhaltene Punkt s ebenfalls eine Ecke des Polyeders ist. Dieser Punkt s wird der Homologe von S in Bezug auf den Mittelpunkt C sein.

Satz I. — **In jedem begrenzten Polyeder kann es nur ein Symmetriecentrum geben.**

Die Richtigkeit dieser Behauptung ist evident.

Definition II. — Ich werde Symmetriaxe eines Polyeders eine Gerade AB, Fig. 1, nennen, wenn bei einer Drehung des Polyeders um einen Winkel Q um AB die neuen Lagen der Ecken mit den früheren zusammenfallen. Wenn zum Beispiel diese Rotation die Ecke S nach S' bringt, so muss S' auch der Ort einer Ecke des Polyeders sein, und dann werden S und S' homolog zu einander in Bezug auf die Axe AB genannt.

Satz II. — **Der Winkel, welcher bei einer Drehung des Polyeders um eine Symmetrieaxe die Orte der Ecken in sich selbst zurückführt, ist immer commensurabel mit 360 Graden.**

In der That: es sei S', Fig. 1, ein Homologes von S in Bezug auf die Axe AB; man lege durch S und S' eine Ebene normal zu AB, welche die Axe bei c schneiden wird; aus c beschreibe man mit dem Radius cS einen Kreis und mache

Bogen $S'''S'$ = Bogen SS', Bogen $S''''S''$ = Bogen SS', u. s. w.

Während die Drehung den Endpunkt S von S nach S' führt, wird die Ecke S', welche an dieser Bewegung Theil nimmt, auf S'' fallen, welches ebenfalls der Ort einer Ecke sein wird. Auf diese Weise werden nicht nur S und S' Ecken des Polyeders sein, sondern ebenso S'' und anderen Punkte $S''',\ldots$, welche auf demselben Wege gefunden werden. Indem man den Bogen SS' in gleicher Weise repetirt, muss man nach einem oder mehreren Umgängen auf den Ausgangspunkt S zurückkommen, sonst würde die Anzahl der Ecken unbegrenzt sein, was nicht möglich ist. Also wird, wenn man den Winkel SCS' mit K, und mit p und q zwei relative Primzahlen bezeichnet:

$$K = \frac{p}{q} 360°$$

Zusatz. — Der kleinste unter den Rotationswinkeln, welcher fähig ist, die Orte der Ecken wieder in sich zurückzuführen, ist $\frac{360°}{q}$. In der That ist ja der allgemeine Ausdruck für diese Winkel

$$mK - n \cdot 360° = \frac{mp - nq}{q} \cdot 360°,$$

worin m und n ganze Zahlen sind. Nun kann man immer m und n so bestimmen, das sie der Bedingung

$$mp - nq = \pm 1$$

genügen, folglich u. s. w.

Definition III. — Man kann also die **Symmetrieaxe** als eine solche Gerade definiren, um welche eine Drehung, im Betrage eines aliquoten Theiles $\frac{1}{q}$ von $360°$, die Lage der Ecken des Polyeders nicht geändert scheinen lässt.

[23] Der Nenner q soll die **Ordnungszahl der Symmetrie der Axe** genannt werden. Für $q = 2$, soll die Axe **Symmetrieaxe der zweiten Ordnung** oder **binäre**[*]

---

[*] Die Bezeichnungen binär, ternär u. s. w. sind statt der vorzüglichen Uebersetzung Sohncke's zweizählig, dreizählig u. s. w.)

Symmetrieaxe, oder noch einfacher binäre Axe genannt werden. Für $q = 3, 4, \ldots$, heisse die Axe ternär, quaternär u. s. w. In diesen verschiedenen Fällen werden sich die Orte der Ecken nach $\frac{1}{3}$, $\frac{1}{4}$, $\frac{1}{5}, \ldots$ Umdrehung wieder decken.

Definition IV. — Ich nenne **Symmetrieebene** des Polyeders eine Ebene PQ, Fig. 1, wenn, falls man von einer beliebigen Ecke S ein Loth Sp auf diese Ebene fällt und dasselbe jenseits um die gleiche Strecke verlängert, der so erhaltene Endpunkt Σ wieder eine Ecke des Polyeders ist. Die Ecken $S\Sigma$ werden **homolog** in Bezug auf die Ebene PQ sein.

Definition V. Wir können jetzt ein Polyeder von **symmetrischer Form**, oder einfacher ein **symmetrisches Polyeder** als ein solches definiren, welches entweder ein Symmetriecentrum oder eine oder mehrere Symmetrieaxen oder auch eine oder mehrere Symmetrieebenen besitzt. Das Polyeder, welches weder Centrum, noch Axen, noch Ebenen der Symmetrie besitzt, soll **asymmetrisch** heissen.

Der Ausdruck »symmetrisches Polyeder« ist hier in einem weiteren Sinne genommen, als er gewöhnlich in der elementaren Geometrie gebraucht wird, wo man zwei verschiedene Polyeder symmetrische nennt, welche in Beziehung auf eine Ebene symmetrisch angeordnet sind. Für uns dagegen soll das Polyeder dann symmetrisch heissen, wenn es die oben dargelegten Bedingungen erfüllt.

Satz III. — **Wenn zwei oder mehr Symmetrieaxen vorhanden sind, so müssen diese Axen und die Symmetrieebenen, welche das Polyeder etwa besitzt, sich alle in demselben Punkte schneiden.**

Denn der Schwerpunkt der Ecken des Polyeders, wenn wir diese als gleich schwer annehmen, muss offenbar, nach der bekannten Construction des Schwerpunktes, auf jeder Symmetrieaxe und auch auf allen Symmetrieebenen des Polyeders liegen.

Definition VI. — Der Punkt, in welchem sich die Axen und Ebenen der Symmetrie des Polyeders gegenseitig treffen, soll **Centrum der Form**[**]) des Polyeders genannt werden. Wenn

---

benutzt worden, um Verbindungen wie quaterternär und decemternär beibehalten zu können.

[**]) Centrum der Form (centre de figure) hat man dem jetzt gebräuchlichen Ausdruck »geometrischer Mittelpunkt« vorgezogen, um den Gegensatz gegen Symmetriecentrum (centre de symétrie) möglichst zu wahren.

nur eine einzige Symmetrieaxe vorhanden ist, wenn alle Symmetrieebenen durch [24] diese Axe gehen und kein Symmetriecentrum vorhanden ist, so existirt ebenso wenig ein Centrum der Form.

Das Centrum eines regelmässigen Tetraeders ist ein Centrum der Form, aber kein Symmetriecentrum für dieses Polyeder.

Definition VII. — Zwei Symmetrieaxen derselben Ordnung sollen **Axen derselben Art** heissen, wenn die Anordnung der Ecken um die eine dieselbe ist wie um die andere. Um die Gleichheit dieser Anordnung festzustellen, verbindet man in Gedanken die Ecken des Polyeders mit jeder der beiden Axen, und denkt sich das eine dieser beiden Systeme beweglich. Wenn dann gleichzeitig die bewegliche Axe mit der festen und die beweglichen Ecken mit den festen zur Deckung gebracht werden können, so heissen die **Axen von derselben Art und direct ähnlich**.

Wenn die Polyeder, während die Axen zusammenfallen, nicht zur Deckung gebracht werden können, wenn sie nur in Beziehung auf eine gewisse Symmetrieebene homolog sind, d. h. wenn in dem von *Legendre* (Eléments de Géométrie) angenommenen Sinne eins symmetrisch zum anderen ist, so werden die Axen immer noch **von derselben Art** sein, aber sie sollen dann **invers ähnlich** genannt werden.

Zwei Symmetrieebenen sind **von derselben Art und direct ähnlich**, wenn, falls man eine von beiden um ihre gemeinsame Schnittlinie dreht und das Polyeder an dieser Bewegung theilnehmen lässt, die Orte der Ecken zur Deckung gelangen, sobald die erstgenannte Symmetrieebene mit der anderen zusammenfällt. Tritt dagegen die symmetrische Gleichheit der Geometer an die Stelle der deckbaren Gleichheit, so werden die Symmetrieebenen **von derselben Art**, aber **invers ähnlich** genannt.

Wenn diese beiden Arten von Aehnlichkeit fehlen, so nennt man die Axen oder Ebenen der Symmetrie solche **von verschiedener Art**.

Zwei Axen von derselben Art sind nothwendigerweise von derselben Ordnung; aber das Gegentheil ist nicht nothwendig der Fall.

Definition VIII. — Ich nenne **Hauptaxe** eine Symmetrieaxe, zu der alle anderen Axen, wenn es noch welche giebt, normal sind, und zu der alle Symmetrieebenen, wenn es deren giebt, parallel oder normal liegen — vorausgesetzt übrigens, dass die Ordnung der Symmetrie dieser Hauptaxe nicht niedriger als diejenige der Symmetrie der anderen Axen sei.

Wenn zwei oder mehr Axen diesen Bedingungen genügen, so kann eine [25] von ihnen willkürlich gewählt und als Hauptaxe des Polyeders betrachtet werden.

Bezeichnungen. — Um die verschiedenen Arten der Symmetrie, welche die Polyeder besitzen können, symbolisch darzustellen, wähle ich den Buchstaben C, um ein Symmetriecentrum zu bezeichnen; $0\,C$ soll andeuten, dass das Polyeder kein solches Centrum besitzt.

Die Buchstaben A, L, L' sollen Symmetrieaxen bezeichnen; A^2, L^2, L'^2 zweizählige Axen; A^3, L^3... dreizählige und so fort, wobei der obere Index die Ordnungszahl der Symmetrie angiebt.

Der Buchstabe A soll sich immer auf die Hauptaxe beziehen.

Diese Bezeichnungen genügen für die Axen, weil deren niemals mehr als drei verschiedene Arten in einem Polyeder vorkommen können.

Die Anzahl der Axen derselben Art wird durch den Coefficienten angegeben, welcher dem für die Axen symbolischen Buchstaben vorhergeht; so wird die Bezeichnung [A^6, $3\,L^2$, $3\,L'^2$] bedeuten eine sechszählige Hauptaxe, welche mit drei zweizähligen Axen einer gewissen Art, und drei anderen zweizähligen Axen einer anderen Art verbunden ist.

Die Symmetrieebenen werden durch die Buchstaben H, P, P' bezeichnet; wir werden den Buchstaben H für diejenige Symmetrieebene nehmen, welche zu der Hauptaxe A normal ist, die Symbole P und P' für Symmetrieebenen, welche auf keiner Axe des Polyeders senkrecht sind, und die Symbole P^q P'^q P''^q für die Symmetrieebenen, welche zu den Axen L^q, L'^q, L''^q dieses Polyeders normal liegen. Die grösste Zahl der Arten dieser Ebenen übersteigt niemals drei.

Die Zahl der Symmetrieebenen derselben Art wird, wie bei den Axen, durch den Coefficienten dargestellt, welcher dem Symbol dieser Ebenen vorausgeht. So wird also [H, $3\,P^2$, $3\,P'^2$] bezeichnen: eine Symmetrieebene, welche zu der Hauptaxe normal ist, drei Symmetrieebenen derselben Art, normal zu den Axen $3\,L^2$, und drei Symmetrieebenen einer anderen Art, welche zu den Axen $3\,L'^2$ normal sind.

Definition IX und Abtheilungen. — Mit Rücksicht auf ihre Symmetrie lassen sich die Polyeder in vier grosse Klassen eintheilen:

1. Asymmetrische Polyeder;
2. Symmetrische Polyeder ohne Axen;

[26] 3. **Symmetrische Polyeder mit Hauptaxe**; diese Klasse zerfällt in zwei Abtheilungen: Polyeder mit Hauptaxe von gerader Ordnung und Polyeder mit Hauptaxe von ungerader Ordnung.

4. **Symmetrische sphäroedrische Polyeder**, welche eine oder mehrere Axen besitzen, von denen keine eine Hauptaxe ist. Diese theilen sich in zwei Gruppen; die **quaternären Polyeder** und die **decemternären Polyeder**, je nach der Anzahl der ihnen eigenen ternären Axen.

§ I. — Asymmetrische Polyeder.

Da diese Polyeder weder Axen, noch Centrum, noch Ebenen der Symmetrie haben, können sie nach den vorhergehenden Bestimmungen dargestellt werden durch das Symbol

$$[0L, 0C, 0P].$$

§ II. — Symmetrische Polyeder ohne Axen.

Satz IV. — In jedem Polyeder, das eine Symmetrieebene und ein Symmetriecentrum besitzt, ist die Gerade, welche durch dieses Centrum normal zu der Ebene gelegt ist, eine Symmetrieaxe gerader Ordnung.

Seien PQ, Fig. 2, die Symmetrieebene, C das Centrum, S irgend eine Ecke des Polyeders. CA die Normale zu dieser Ebene. Durch diese Gerade und S lege man die zu PQ normale Ebene ACS, welche die Ecke s, die homologe von S in Bezug auf das Centrum C, ebenso wie die Ecke S', die Homologe von s in Bezug auf die Ebene PQ enthält. Wenn man S und S' verbindet, so ist ersichtlich, dass die Verbindungsgerade senkrecht zu CA und dass $aS' = aS$ sein wird. Die Bedingung dafür, dass die Axe AC eine binäre sei, ist also erfüllt. Die Axe AC könnte aber auch eine quaternäre, senäre, allgemein, eine Axe der Ordnung $2q$, sein. Folglich u. s. w.

Satz V. — Wenn zwei Symmetrieebenen in einem Polyeder vorhanden sind, so ist ihre Schnittlinie eine Symmetrieaxe.

Sei S, Fig. 3, eine beliebige Ecke des Polyeders. Man nehme die Ebene, welche normal zu den beiden gegebenen Symmetrieebenen durch S gelegt ist, zur Ebene der Zeichnung; seien CP und Cp die Spuren dieser Ebenen auf der Ebene der Zeichnung. Man wird s, [27] das Homologe von S in Bezug auf die Ebene CP, erhalten, indem man in der Ebene PCp

Winkel $SCs = 2 \cdot$ Winkel $SCP = 2 \cdot$ Winkel sCP, und $Cs = CS$

macht. Ebenso wird man das Homologe S' von s in Bezug auf die Ebene Cp bekommen, wenn man

Winkel $S'Cs = 2 \cdot$ Winkel sCp und $CS' = Cs$

macht, woraus durch Subtraction folgt:

$$S'CS = 2PCp, \ CS' = CS.$$

Indem man die Construction, welche mit S ausgeführt ist, mit der Ecke S' wiederholt, wird man ebenso auf ein anderes Homologes S'' kommen, welches ebenso durch die folgenden Gleichungen für die Pole bestimmt ist:

$$S''CS' = 2PCp, \ CS'' = CS'.$$

Wenn man also aus C mit einem Radius CS den Kreis $SS'S''$ beschreibt und den Bogen SS' eine gewisse Anzahl mal auf diesen Umfang aufträgt, so werden die Punkte $SS'S''$ u. s. w., welche ein nothwendigerweise begrenztes System bilden, die Ecken eines regelmässigen, diesem Kreis eingeschriebenen Polygons sein. Wenn q die Zahl dieser Ecken ist, so sieht man, dass jedem Punkte S, $q-1$ andere Punkte, die homolog zu S in Bezug auf die Normale zu dieser Ebene sind, entsprechen werden. Diese Normale wird also eine Symmetrieaxe sein, deren Ordnungszahl q von dem Werthe des Winkels PCp abhängen wird.

Zusatz. — Der Winkel SCS' ist nothwendigerweise von der Form

$$\frac{p}{q} 360°,$$

worin p und q relative Primzahlen sind, und in dem Falle, wo S und S' zwei einander möglichst nahe Homologe sind, hat man

$$SCS' = \frac{360°}{q},$$

nach dem Zusatz zu Lehrsatz II.

Satz VI. — **Die symmetrischen Polyeder ohne Axen haben nur zwei verschiedene Arten der Symmetrie, je nachdem sie ein Symmetriecentrum oder eine Symmetrieebene besitzen.**

[28] Denn sie können, nach dem Satze IV, nicht zu gleicher Zeit ein Symmetriecentrum und eine Symmetrieebene besitzen,

ebenso wenig nach dem Lehrsatz V zwei Symmetrieebenen. Die Symbole für diese beiden Arten der Symmetrie werden also sein:

$$[0L, \ C, \ 0P],$$
$$[0L, \ 0C, \ P].$$

§ III. — Symmetrische Polyeder mit Hauptaxe.

Satz VII. — **Wenn ein Polyeder zwei Symmetrieebenen P und p besitzt, die nicht zu einander normal sind, so hat es eine dritte P', welche die Homologe von P in Bezug auf die Ebene p und von derselben Art wie P ist.**

Seien CP und Cp, Fig. 3, die Spuren der beiden Ebenen P und p auf einer zu ihrer gemeinschaftlichen Schnittlinie normalen Ebene, und sei s' eine auf der letzteren Ebene gelegene Ecke. Sei ferner CP' die Spur der zu P in Bezug auf die dazwischen liegende Ebene Cp homologen Ebene P'. Die Ecke s' wird eine Homologe in S in Bezug auf Cp haben, und S eine Homologe s, auf der anderen Seite von CP. Ebenso wird s eine Homologe in S' in Bezug auf die Ebene Cp haben; es ist leicht zu ersehen, dass S' die Homologe von s' in Bezug auf die Ebene CP' sein wird. Auf diese Weise hat jede Ecke eine andere ihr homologe, in Bezug auf diese letztere Ebene; also ist P' ebenfalls eine Symmetrieebene und, wie man sieht, von derselben Art wie P.

Satz VIII. — **Wenn ein Polyeder eine Symmetrieebene P und eine dazu schräg gelegene Symmetrieaxe L besitzt, so ist die Gerade L', die Homologe von L in Bezug auf jene Ebene, ebenfalls eine Symmetrieaxe.**

Denn möge S, Fig. 4, irgend eine Ecke sein, welche in s eine Homologe in Bezug auf die Ebene P besitzt, und s, s', s'', u. s. w. das System der Homologen von s in Bezug auf die Axe L darstellen. Seien S, S', S'' u. s. w. die Homologen von s, s', s'' u. s. w. in Bezug auf die Ebene P. Die Anordnung von S, S', S'' u. s. w. um L' wird dieselbe sein wie diejenige von s, s', s'' u. s. w. um L, also ist L' auch eine Symmetrieaxe und von derselben Art wie L.

Zusatz. — Jede Symmetrieebene bewirkt, dass sich nicht allein jede Ecke, sondern auch jede [29] Ebene oder Axe der Symmetrie des Polyeders auf der anderen Seite der Ebene wiederholt. Die Ebenen und Axen, welche so zu Stande kommen, sind von derselben Art wie die ursprünglichen und denselben invers ähnlich.

Satz IX. — In jedem Polyeder, welches eine Axe L der Ordnung q besitzt, entsprechen jeder schräg gegen die Axe gelegenen Symmetrieebene $q-1$ andere Symmetrieebenen derselben Art.

Dieser Satz liesse sich beweisen, wie die Lehrsätze VII und VIII.

Man kann sich auch auf die Bemerkung beschränken, dass während der Drehung des Polyeders um die Axe L^q, die Symmetrieebene als an dieser Drehung betheiligt angesehen werden kann; nun hört diese Ebene, während die Drehung stattfindet, nicht auf, eine Symmetrieebene für das Polyeder zu sein, welches an ihrer Bewegung Theil nimmt. Dies gilt also auch für den Fall, dass die Drehung einen Betrag von $\frac{360°}{q}$ erreicht.

Satz X. — In jedem Polyeder, welches eine Axe L von der Ordnung q besitzt, entsprechen jeder schräg zu der ersteren gelegenen Symmetrieaxe L', $q-1$ andere Axen derselben Ordnung und derselben Art wie die Axe L'.

Dieser Satz lässt sich wie der vorhergehende beweisen. Wenn das Polyeder um $\frac{360°}{q}$ um L^q gedreht wird, so hört die Axe L' nicht auf, eine Symmetrieaxe des beweglichen Polyeders zu sein.

Zusatz. — Jede Symmetrieaxe von der Ordnung q bedingt das Mitvorhandensein aller Symmetrieaxen oder Ebenen, welche in Bezug auf die Axe von der Ordnung q die Homologen einer gegebenen Axe oder Ebene sind. Die auf diese Weise erhaltenen homologen Ebenen oder Axen sind von derselben Art und unter sich direct ähnlich.

Satz XI. — Wenn im Ganzen q Symmetrieebenen vorhanden sind, die sich in einer und derselben Geraden schneiden, so ist diese Gerade eine Symmetrieaxe, deren Ordnungszahl q oder ein Vielfaches von q ist.

Die Flächenwinkel dieser Ebenen sind nothwendigerweise unter sich gleich, denn ohne das würden sich diese Flächen in Bezug auf einander symmetrisch wiederholen (Satz VII, und ihre Anzahl würde q übersteigen.

[30] Seien also CPA und CpA, Fig. 5, zwei benachbarte Symmetrieebenen, so wird man offenbar haben

$$PCp = \frac{180°}{q}.$$

Wenn nun der Punkt σ der Homologe von S in Bezug auf die Ebene PCA, und S' der Homologe von σ in Bezug auf die Ebene $p\,CA$ ist, so wird die Drehung, welche S nach S' bringt, indem sie das Polyeder um CA dreht, nach der Beweisführung von Satz V sein.

$$PCP' = 2PCp = \frac{360°}{q}.$$

Also wird die Axe CA die Symmetrieordnung q oder ein Vielfaches davon besitzen.

Satz XII. — **Wenn zwei binäre Symmetrieaxen vorhanden sind, so ist die durch ihren Schnittpunkt gelegte Normale zu ihrer Ebene eine Symmetrieaxe des Polyeders.**

Seien CP und Cp, Fig. 3, die beiden binären Axen, und S eine Ecke des Polyeders. Ich werde annehmen, dass S in einer Höhe von $\varDelta$ über der Ebene PCp, der Ebene der Zeichnung, liege und sich orthogonal in S projicire; dann wird das Homologe von S in Bezug auf die Axe CP der Punkt s sein, welcher in einer Entfernung $\varDelta$ unter der Ebene der Zeichnung liegt, und man wird zwischen den Projectionen S und s die Beziehungen

Winkel $SCs = 2$ Winkel SCP und $Cs = CS$

haben. Ebenso wird man das Homologe S' von s in Bezug auf die Axe Cp erhalten, indem man

Winkel $S'Cs = 2$ Winkel sCP und $CS' = Cs$

setzt, und der Punkt S' wird in einer Höhe $\varDelta$ über der Ebene der Zeichnung sein; also

$$S'CS = 2PCp \text{ und } CS' = CS.$$

Indem man dieselben Operationen mit S' wiederholt, erhält man ebenso S'', dann S'''. Alle diese Punkte werden die Ecken eines regelmässigen Polygons bilden, welches dem Kreis vom Radius CS eingeschrieben ist, und sie werden die Homologen von S in Bezug auf die Normale [31] zu der Ebene sein. Also wird diese Normale eine Symmetrieaxe sein, deren Ordnungszahl q von dem Werthe des Winkels PCp abhängt.

Satz XIII. — **Wenn auf einer Ebene eine Gesammtzahl q von binären Axen vertheilt ist, so ist die Nor-**

male zu dieser Ebene eine Symmetrieaxe, deren Ordnungszahl q oder ein Vielfaches von q ist.

Die Winkel dieser Axen sind nothwendigerweise unter sich gleich, sonst würden dieselben sich gegenseitig in derselben Ebene reproduciren (Satz X, Zusatz) und ihre Anzahl wäre grösser als die Zahl q.

Seien also CP und Cp zwei benachbarte binäre Axen, Fig. 5, und CA die Normale zu ihrer Ebene, so wird man offenbar haben:

$$PCp = \frac{180^\circ}{q}.$$

Wenn nun s das Homologe von S in Bezug auf die Axe CP ist, und S' das Homologe von s in Bezug auf die Axe Cp, so wird die Rotation, welche S nach S' bringt, indem sie das Polyeder um CA dreht, nach der Darlegung des vorigen Satzes, betragen:

$$\text{Winkel } PCP' = 2 \cdot PCp = \frac{360^\circ}{q}.$$

Also wird die Gerade CA eine Symmetrieaxe von der Ordnung q oder eines Vielfachen von q sein.

Satz XIV. — **Wenn drei auf einander senkrechte, quaternäre Axen vorhanden sind, so existiren gleichzeitig vier ternäre Axen ausserhalb der Ebenen, welche die quaternären Axen paarweise verbinden.**

Seien OA, OB und OC, Fig. 6, die drei quaternären Axen, welche sich in O, dem Centrum der Form des Polyeders schneiden. Lassen wir das Polyeder eine Viertel-Umdrehung um OA und zwar von B nach C machen. Der scheinbare Ort der Ecken wird derselbe bleiben, und die Axe OB wird nach OC gelangen. Lassen wir das Polyeder ein zweites Viertel einer Umdrehung machen, und zwar um die Verticale OC, von A nach B. Der scheinbare Ort der Ecken wird noch immer derselbe sein, die Axe OB wird in OC bleiben, und die Axe OA wird nach OB gelangen. Das Resultat dieser doppelten Drehung wird also sein, dass das System der [32] mit dem Polyeder festverbundenen und mit demselben beweglichen Axen OA und OB auf das System der feststehenden Geraden OB und OC übergeführt wird. Nun ist ersichtlich, dass diese Aenderung der Lage einer einzigen Drehung von 120° um die Gerade OD gleichkommt, welche das Centrum der Form O mit dem Mittelpunkt D, des drei rechte Winkel besitzenden, sphärischen Dreiecks ABC verbindet. Man sieht hieraus, dass die Linie OD eine ternäre Axe des Polyeders ist, und da es acht Dreiecke mit drei rechten Winkeln giebt, deren Mittelpunkte paarweise einander gegenüber liegen, so ergeben sich vier solcher ternären Axen, alle ausserhalb der Ebenen AOB, AOC und BOC.

Zusatz. — Ein Polyeder mit drei auf einander senkrechten quaternären Axen besitzt keine Hauptaxe, denn in jedem Polyeder, welches eine Hauptaxe besitzt, müssen wenigstens zwei von den drei Winkeln, welche drei beliebige, nicht in derselben Ebene gelegene Axen L, L' und L'' bilden, nach der Definition der Hauptaxe gleich 90° sein. Nun genügt aber das System der drei Axen OA, OB und OD dieser Bedingung nicht.

Satz XV. — **In jedem Polyeder, welches eine Hauptaxe A^q besitzt, kann, wenn eine zweite Symmetrieaxe existirt, diese Axe, welche nothwendigerweise in einer zu A^q normalen Ebene liegt, nur von binärer Symmetrie sein.**

Seien CA, Fig. 7, die Axe A^q, CL die zweite Axe mit der unbekannten Ordnungszahl ihrer Symmetrie x. Es ist klar, dass diese Axe in einer zu A^q normalen Ebene liegen wird, und ich behaupte, dass $x = 2$ sein muss.

In der That müssen nach der Definition der Hauptaxe die zu A^q in Bezug auf L^x homologen Axen (Satz X, Zusatz) senkrecht auf A^q stehen, oder mit ihr zusammenfallen. Also kann man nur $x = 2$ oder $x = 4$ annehmen, was im ersten Fall auf eine halbe, im zweiten Fall auf eine viertel Umdrehung um L^x hinauskommt.

Wenn $x = 4$ ist, so wird die Axe CL quaternär sein, und die Axe CA wird sich in CL' wiederholen, welche eine ihr gleichartige Axe sein muss (Satz X) und in der zu CA normalen und durch C hindurch gehenden Ebene liegt. CL' wird also auch eine Axe von der Ordnung q sein, und damit die zu CL in Bezug auf CL' homologen Axen nicht aus der Ebene LCL' heraustreten, wie es die Definition der Hauptaxe verlangt, so ist nothwendigerweise $q = 4$ oder $q = 2$.

Der Fall $q = 4$ stimmt mit dem Fall der drei quaternären rechtwinkligen Axen überein [33] und muss verworfen werden, denn es giebt hierbei keine Hauptaxe (Satz XIV, Zusatz).

In dem Falle $q = 2$ wird die Axe CL die wahre Hauptaxe sein. Es ist in der That leicht zu sehen, dass es keine Symmetrieebene geben kann, die durch CA geht und schräg gegen

CL liegt, denn ihre erste Homologe, in Bezug auf die quaternäre Axe CL, würde weder normal noch parallel mit CA liegen, und das wäre unvereinbar mit der Annahme, dass CA eine Hauptaxe ist. Nichts stellt sich also der Annahme entgegen, dass wir CL als Hauptaxe betrachten, und wir müssen es thun, weil ihre Symmetrieordnung eine höhere ist, als die Symmetrieordnung von CA. Folglich kann, wenn CA wirklich eine Hauptaxe ist, niemals $x = 4$ sein.

Es bleibt also nur die Annahme $x = 2$ übrig; die zweite Symmetrieaxe wird daher eine einfach binäre Axe sein.

Satz XVI. — **In jedem Polyeder mit Hauptaxe sind die q binären Axen, welche in der zu der Hauptaxe normalen Ebene liegen, jede gegen die benachbarte gleich geneigt, und sind abwechselnd von derselben Art.**

Denn seien CP und Cp, Fig. 3, zwei benachbarte binäre Axen, so wird die binäre Axe Cp die Axe CP zwingen, sich auf der entgegengesetzten Seite in CP' zu wiederholen (Satz X, Zusatz). CP' zieht seinerseits das Vorhandensein der Axe Cp' nach sich, und so fort. Hieraus ersieht man, dass die q Winkel PCp, pCP', $P'Cp'$ u. s. w. unter einander gleich und $= \dfrac{180°}{q}$ sein müssen.

Die Axen CP und CP' sind von derselben Art und einander direct ähnlich mit Rücksicht auf die dazwischen liegende Axe Cp. Ebenso sind Cp und Cp' unter einander von gleicher Art und einander direct ähnlich mit Rücksicht auf die Axe CP', folglich u. s. w.

Satz XVII. — **Die Polyeder, welche eine Axe A^q, ferner q Symmetrieebenen, welche durch diese Axe gehen, und die zu der Hauptaxe normale Symmetrieebene Π besitzen, haben zugleich q binäre Axen in den Schnittlinien dieser q Ebenen mit der Ebene Π.**

Der Schnitt zweier Symmetrieebenen ist immer eine Symmetrieaxe (Satz V); nun aber kann diese Axe nur binär sein (Satz XV), folglich u. s. w.

Man kann, um diesen Lehrsatz zu beweisen, auch auf die Figur 5 zurückgreifen, wo CPQ eine der q Ebenen ist, welche durch die Axe A^q gehen, und CPP' die Ebene Π.

[34] Sei Σ die Homologe der Ecke S in Bezug auf die Ebene Π, sei s die Homologe von Σ in Bezug auf die Ebene CPQ. Es

ist ersichtlich, dass S und s homolog zu einander in Bezug auf CP sind, welches also eine binäre Axe des Polyeders ist.

Satz XVIII. — Die Polyeder, welche eine Axe A^q, ferner q binäre, zu A^q normale Axen, und die zu A^q normale Symmetrieebene Π besitzen, haben auch q Symmetrieebenen, welche durch die Axe A^q und durch je eine der binären Axen gehen.

Sei CP, Fig. 5, eine der binären Axen, sei CPP' die zu der Hauptaxe CA normale Ebene Π. Die Ecke S wird eine Homologe in s auf der anderen Seite der binären Axe CP haben; die Ecke s wird eine Homologe in σ auf der anderen Seite der Ebene Π haben: die Punkte S und σ werden zu einander homolog in Bezug auf die Ebene CPQ sein: folglich wird letztere eine der Symmetrieebenen des Polyeders sein.

Satz XIX. — Die Polyeder, welche eine Hauptaxe A^q, ferner q Symmetrieebenen, welche durch diese Axe gehen, und ein Symmetriecentrum besitzen, haben zugleich q binäre Axen, welche normal zu einer dieser Ebenen durch das Centrum gelegt sind.

Dieses ist eine Folge der Sätze IV und XV.

Satz XX. — Die Polyeder, welche eine Axe A^q, ferner q binäre Axen, normal zu A^q, und ein Symmetriecentrum besitzen, haben zugleich q Symmetrieebenen, die zu diesen binären Axen normal sind.

Dies folgt aus dem Satze XXI, dessen Beweis folgt.

Polyeder mit Hauptaxe von gerader Ordnung.

Satz XXI. — Jedes Polyeder, welches eine Axe von gerader Ordnung und ein Symmetriecentrum besitzt, hat eine Symmetrieebene, welche durch das Centrum geht und normal zu jener Axe liegt.

Seien CA, Fig. 2, die Symmetrieaxe von der Ordnung $2q$, C das Symmetriecentrum und PQ die zu CA normale Ebene. Die Ecke S hat $2q-1$ Homologe in Bezug auf die Axe CA; wenn man also die Normale Sa auf CA fällt und sie [35] um $aS' = aS$ verlängert, so wird S' eines dieser Homologen sein. Indem man S' mit dem Centrum C verbindet und um $c\Sigma = cS'$ verlängert, erhält man die Ecke Σ, die Homologe von S' in Bezug auf den Mittelpunkt C. Augenscheinlich sind S und Σ Homologe in Bezug auf die Ebene PQ; also ist diese Ebene eine Symmetrieebene des Polyeders.

Satz XXII. — Jedes Polyeder, welches eine Axe von gerader Ordnung und eine Symmetrieebene besitzt, welche normal zu dieser Axe liegt, hat ein Symmetriecentrum, welches in dem Schnittpunkte der Axe mit der Ebene liegt.

Sei S', Fig. 2, die der Ecke S in Bezug auf die Axe CA gegenüberliegende Homologe. Sei s das Homologe von S' in Bezug auf die zu der Axe CA normale Ebene PQ. Die beiden Ecken S und s werden homolog in Bezug auf den Punkt C sein, in welchem Axe und Ebene sich schneiden; dieser Punkt muss also ein Symmetriecentrum des Polyeders sein.

Satz XXIII. — Jedes Polyeder, welches eine Axe von gerader Ordnung und eine Symmetrieebene besitzt, welche durch diese Axe geht, hat zugleich eine zweite Symmetrieebene, welche durch die Axe geht und normal zu der vorigen Ebene liegt.

Seien CA, Fig. 7, die Axe von gerader Ordnung, LCA die gegebene Symmetrieebene, S eine Ecke des Polyeders, S' ihre Homologe auf der anderen Seite von CA und s' das Homologe von S' in Bezug auf die Ebene LCA. S und s' werden homolog in Bezug auf die Ebene ACL' sein, welche durch CA geht und normal zu der vorigen liegt; folglich u. s. w.

Satz XXIV. — In jedem Polyeder, welches eine Axe L^{2q} besitzt, muss, wenn binäre, zu L^{2q} normale Axen vorhanden sind, deren Gesammtzahl gleich $2q$ sein, nämlich q Axen einer ersten Art und q Axen einer zweiten Art, welche mit den ersteren alterniren.

Sei CP, Fig. 5, eine binäre Axe, welche normal zur Axe CA von der Ordnung $2q$ steht; es werde in der zu CA normalen Ebene PCP' die Gerade CP' gelegt, welche mit CP den Winkel bildet:

$$PCP' = \frac{360°}{2q} = \frac{180°}{q}.$$

Die Gerade CP' wird eine binäre Axe derselben Art wie CP sein, wegen der der Axe CA zukommenden Symmetrie (Satz X, Zusatz). Die Anzahl der so erhaltenen Axen, [36] wird gleich

q sein; jede von ihnen kann aufgefasst werden als aus CP ableitbar durch die Drehungen

$$0°, \frac{180°}{q}, 2\frac{180°}{q}, \ldots, (q-1)\frac{180°}{q};$$

die Axen, welche den Drehungen

$$q\frac{180°}{q}, (q+1)\frac{180°}{q}, \ldots, (2q-1)\frac{180°}{q}.$$

entsprechen, fallen mit den vorigen zusammen.

Wenn man jetzt PCP' durch die Winkelhalbirende Cp in zwei gleiche Theile theilt, so wird Cp ebenfalls eine binäre Axe sein. Denn sei s das Homologe von S in Bezug auf CP, sei s' das Homologe von s in Bezug auf die Axe CA, so werden, da der Drehungswinkel, welcher s in s' überführt,

$$\frac{360°}{2q} = PCP'$$

ist, die Ecken S und s' homolog in Bezug auf Cp sein, indem diese als eine binäre Axe angesehen wird. Diese q winkelhalbirenden Geraden werden also binäre Axen sein, aber von einer anderen Art.

Es sind daher $2q$ binäre Axen vorhanden, und ihre Anzahl kann nicht grösser sein; denn wenn es Q binäre Axen gäbe, und Q grösser als $2q$ wäre, so würde die Symmetrieordnung der zu ihrer Ebene normalen Axe Q oder mQ sein (Satz XIII), was den obigen Bedingungen zuwiderläuft.

Zusatz I. — Die Anzahl der binären Axen, welche normal zu einer Hauptaxe A^{2q} sind, wird immer $= 0$ oder $2q$ sein.

Zusatz II. — Die binären, zu A^{2q} normalen Axen stehen paarweise auf einander senkrecht.

Satz XXV. — **Wenn in einem Polyeder, welches eine Axe L^{2q} besitzt, durch diese Axe gehende Symmetrieebenen vorhanden sind, so wird ihre Gesammtzahl $2q$ sein und zwar q von einer Art und, damit alternirend, q von einer anderen Art.**

[37] Seien ACP, ACP', Fig. 5, zwei Symmetrieebenen, welche mit einander den Winkel

$$PCP' = \frac{360°}{2q} = \frac{180°}{q}$$

bilden.

Das System dieser Ebene wird sich aus q Symmetrieebenen zusammensetzen, welche von derselben Art und direct ähnlich unter einander sind. Ausserdem sind die dazwischen liegenden Ebenen, welche die Flächenwinkel (ACP, ACP') in zwei gleiche Theile theilen, ebenfalls Symmetrieebenen. Denn sei ACp eine dieser dazwischen liegenden Ebenen, sei σ die Homologe einer gegebenen Ecke S in Bezug auf die Ebene ACP und σ' die Homologe von σ in Bezug auf CA. Da der Drehungswinkel, welcher σ nach σ' bringt,

$$\frac{360°}{2q} = PCP'$$

beträgt, so ist klar, dass S und σ' in Bezug auf die Ebene ACp symmetrisch liegen; also ist diese Ebene eine Symmetrieebene, und es giebt deren im Ganzen q von einer anderen Art als ACP, welche sämmtlich ACp direct ähnlich sind.

Es giebt also $2q$ Symmetrieebenen, welche durch L^{2q} gehen, und ihre Anzahl kann nicht grösser sein; denn wenn sie gleich $Q > 2q$ wäre, so würde die Symmetrieordnung der in ihrem gemeinsamen Schnitt liegenden Axe gleich Q oder mQ sein (Satz XI), was nicht möglich ist.

Zusatz I. — Die Anzahl der Symmetrieebenen, welche durch eine Hauptaxe A^{2q} gehen, ist immer 0 oder $2q$, und kann nicht grösser als diese letztere Zahl sein.

Zusatz II. — Diese Symmetrieebenen stehen paarweise auf einander senkrecht.

Satz XXVI. — Die Polyeder mit Hauptaxe A^{2q}, welche weder durch diese Axe gehende Symmetrieebenen, noch binäre Axen besitzen, haben zwei verschiedene Arten der Symmetrie, je nachdem die zur Hauptaxe normale Ebene eine Symmetrieebene ist oder nicht.

Die Anzahl der Symmetrieaxen ist durch den Inhalt des Satzes bestimmt. Ebenso diejenige der Symmetrieebenen, sobald man weiss, ob die [38] zur Hauptaxe normale Ebene eine Symmetrieebene ist oder nicht. Was das Vorhandensein eines Symmetriecentrums betrifft, so ist es von demjenigen einer zur Hauptaxe normalen Symmetrieebene abhängig. (Satz XXI und XXII.)

Die Symbole dieser beiden Arten der Symmetrie werden also sein:

$[A^{2q}, 0L^2, 0C, 0P]$
und $[A^{2q}, 0L^2, C, \Pi]$.

Satz XXVII. — Die Polyeder mit Hauptaxe A^{2q}, welche entweder nur die $2q$ Symmetrieebenen oder nur die $2q$ binären Axen, die mit dieser Hauptaxe vereinbar sind, besitzen, können weder eine zur Hauptaxe normale Symmetrieebene, noch ein Symmetriecentrum haben.

Dies ist eine offenbare Folge der Sätze XVII, XVIII, XIX und XX.

Die Gruppe der Polyeder, auf welche sich der Inhalt des gegenwärtigen Satzes bezieht, zerfällt in zwei Classen von verschiedener Symmetrie, je nachdem die Symmetrieebenen oder die binären Axen fehlen. Da die binären Axen von zwei verschiedenen Arten sind (Satz XXIV), so wollen wir diejenigen von der ersten Art mit L^2 bezeichnen und die von der zweiten mit L'^2. Ebenso sollen die Symmetrieebenen der einen Art mit P, diejenigen der anderen Art mit P' bezeichnet werden. Man hat demnach, um die beiden Classen der Polyeder darzustellen, die Symbole:

$[A^{2q}, qL^2, qL'^2, 0C, 0P]$
und $[A^{2q}, 0L^2, 0C, qP, qP']$.

Satz XXVIII. — In den Polyedern, welche die Hauptaxe A^{2q}, ferner $2q$ binäre Axen und $2q$ durch die Hauptaxe gehende Symmetrieebenen besitzen, können die binären Axen in den Symmetrieebenen gelegen sein, oder mit ihnen alterniren, d. h. mit den Halbirungslinien ihrer Flächenwinkel zusammenfallen. Damit ergeben sich für diesen besonderen Fall zwei verschiedene Arten von Symmetrie.

Für jede andere Lage der Axen und Ebenen gegeneinander würden die binären Axen, indem sie durch Drehungen von 180° die $2q$ Symmetrieebenen neu hervorbrächten (Satz X, Zusatz), [39] die Anzahl dieser letzten verdoppeln, und ebenso würde sich die Zahl der binären Axen verdoppeln, indem sie sich auf der anderen Seite der Ebenen in homologen Stellungen wiederholen würden (Satz VIII, Zusatz), was den Zusätzen von XXIV und XXV widerspricht; folglich etc.

Satz XXIX. — In den Polyedern mit Hauptaxe A^{2q} giebt es, wenn die Symmetrieebenen die binären Axen enthalten, eine zu der Hauptaxe normale Symmetrieebene und ein Symmetriecentrum.

Seien CA, Fig. 5, die Hauptaxe, CP eine der binären Axen und $ACPQ$ die Symmetrieebene, welche diese Axe enthält. Die Ecke S wird ihre Homologe in Bezug auf die binäre Axe CP in s haben; s wird sein Homologes in Bezug auf die Ebene $ACPQ$ in Σ haben. Die relative Lage von S und Σ zu einander zeigt, dass die Ebene PCP', normal zu CA und zu der Ebene CAP, eine Symmetrieebene des Polyeders ist, in Bezug auf welche C und Σ zwei homologe Ecken sind; es wird also eine zu A^{2q} normale Symmetrieebene existiren, welche ihrerseits das Vorhandensein eines Symmetriecentrums mit sich bringt (Satz XXII).

Satz XXX. — Wenn in den Polyedern mit Hauptaxe A^{2q} die Symmetrieebenen mit den binären Axen alterniren, so sind letztere sämmtlich von derselben Art, aber jede zu der benachbarten invers ähnlich; es ist dann weder eine zu der Axe normale Symmetrieebene, noch ein Symmetriecentrum vorhanden.

Wenn eine zur Axe normale Symmetrieebene existirte, so würden ihre Schnittlinien mit den Symmetrieebenen binäre Axen sein (Satz XVII), was dem Inhalte unseres Satzes widerspricht; also ist weder eine zur Hauptaxe normale Symmetrieebene, noch ein Symmetriecentrum vorhanden (Satz XXI).

Die benachbarten binären Axen $L_0 l_0$ und $L_1 l_1$, Fig. 8, sind einander invers ähnlich, als Homologe in Bezug auf die dazwischenliegende Symmetrieebene, welche durch die Hauptaxe und durch $P_0 C p_0$ geht.

Die inverse Aehnlichkeit schliesst im Allgemeinen nicht nothwendigerweise die directe Aehnlichkeit aus; aber in dem gegenwärtigen Falle ist es leicht, sich davon zu überzeugen, dass $L_0 l_0$ und $L_1 l_1$ nie direct ähnlich sein können, denn die Drehung, welche die für directe Aehnlichkeit charakteristische Deckung herbeiführen würde, kann sich naturgemäss nur entweder um die Hauptaxe oder um die Winkelhalbirende $p_0 C P_0$ [40] oder endlich um die zweite zur vorigen normale Winkelhalbirende $p_3 C P_3$ vollziehen. Da $2q$ binäre Axen vorhanden sind, so hat man:

$$L_0 C L_1 = \frac{180°}{2q} = \frac{360°}{4q} \text{ und } P_0 C P_1 = \frac{180°}{2q} = \frac{90°}{q}.$$

Wenn CL_0 und CL_1 mit Rücksicht auf die Hauptaxe direct ähnlich wären, so würde, da die Drehung, welche die Orte der

Ecken wiederherstellt, $\frac{360°}{4q}$ beträgt, die Symmetrieordnung der Hauptaxe $4q$ sein, was unmöglich ist. Ebenso können CL_0, CL_1 nicht direct ähnlich in Bezug auf CP_0 sein, weil CP_0 keine binäre Axe ist. Die Normale zu CP_0 d. i. CP_3 ist ebenso wenig eine binäre Axe, weil

$$90° = q \times P_0 C P_1$$

ist, und weil also diese Normale eine Gerade der Gruppe CP_0, CP_1, CP_2 ist. Also sind die benachbarten binären Axen invers ähnlich, ohne dass irgend eine Möglichkeit besteht, sie zur Deckung zu bringen.

Die Fig. 8 zeigt die Vertheilung der homologen Ecken für den Fall $2q = 6$. Die Symmetrieebene, welche normal zur Hauptaxe liegt, ist als Ebene der Zeichnung gewählt. Die ausgefüllten kleinen Kreise deuten die Ecken an, welche unter dieser Ebene liegen, die weiss gelassenen diejenigen Ecken, welche über derselben Ebene liegen.

Bei der Feststellung der Symbole für die beiden Arten der jetzt untersuchten Symmetrie ist zu beachten, dass in dem Falle des Satzes XXIX die Symmetrieebenen, normal zu den binären Axen stehen und dass in dem Falle, wo die Flächen mit den Axen alterniren, sie nicht zu ihnen normal sein können. Wir werden also, 1. für den Fall der Coincidenz, 2. für den Fall des Alternirens beziehungsweise die Formeln haben:

$$[A^{2q}, qL^2, qL'^2, C, \Pi, qP^2, qP'^2]$$
$$\text{und } [A^{2q}, 2qL^2, 0C, 2qP].$$

Man ersieht aus den Sätzen XXVI, XXVII und XXVIII, dass die Polyeder mit Hauptaxe von gerader Ordnung nur sechs Arten von Symmetrie haben können. Man wird sie in der synoptischen Tabelle am Schlusse dieses Aufsatzes aufgezählt finden.

[41] In dieser Tabelle kann man q alle möglichen Werthe geben, von $q = 1$ inclusive bis $q = \infty$.

Polyeder mit Hauptaxe von ungerader Ordnung.

Satz XXXI. — Ein Polyeder, welches eine Hauptaxe von ungerader Ordnung besitzt, kann nicht zu gleicher Zeit eine zu dieser Axe normale Symmetrieebene und ein Symmetriecentrum besitzen.

Dies ist eine Folge des Satzes IV.

Satz XXXII. — Wenn in einem Polyeder, welches eine Hauptaxe A^{2q+1} besitzt, noch andere Axen existiren, so sind diese binär, ihre Gesammtzahl ist gleich $2q + 1$, und sie sind alle von derselben Art.

Eine beliebige von den neuen Axen, welche nothwendigerweise binär ist, und in der zu A^{2q+1} normalen Ebene liegt (Satz XV), wiederholt sich $2q$ mal, gemäss dem Zusatz zu Satz X; ausserdem werden diese $2q + 1$ Axen unter sich verschieden sein und nicht paarweise coincidiren (wie das in dem Falle der Hauptaxen von gerader Ordnung stattfindet). In der That, wenn man sie nummerirt mit 0, 1, 2, u. s. w. in der Reihenfolge, wie aufeinanderfolgende Drehungen, jedesmal um den Betrag von $\frac{360°}{2q + 1}$, sie entstehen lassen, so findet man, dass die Neigungen von 0, 1, 2, 3 u. s. w. gegen die Axe 0

$$0°, \frac{360°}{2q+1}, \frac{2 \cdot 360°}{2q+1}, \ldots \frac{q \cdot 360°}{2q+1}, \frac{(q+1) \cdot 360°}{2q+1}, \ldots \frac{2q \cdot 360°}{2q+1}$$

sind, und verschiedenen Geraden entsprechen, weil zwei dieser Winkel niemals um 180° differiren können.

Es kann in der zur Hauptaxe normalen Ebene keine anderen binären Axen geben, als diejenigen, deren Vorhandensein wir eben nachgewiesen haben. Denn wäre Q ihre Gesammtzahl und wäre $Q > 2q + 1$, so würde die Ordnungszahl der Symmetrie der Hauptaxe Q oder mQ sein (Satz XIII), was der Voraussetzung einer Hauptaxe von der Ordnung $2q + 1$ widerspricht.

Zusatz. — Die Zahl der binären, zu A^{2q+1} normalen Axen muss immer 0 oder $2q + 1$ sein.

[42] *Satz* XXXIII. — In jedem Polyeder, welches die Hauptaxe A^{2q+1} besitzt, müssen, wenn zugleich durch die Hauptaxe gehende Symmetrieebenen vorhanden sind, diese sämmtlich von derselben Art und ihre Gesammtzahl $2q + 1$ sein.

Man kann wie im vorigen Satze zeigen: 1. dass die $2q + 1$ Ebenen, welche durch die wiederholten Drehungen, jede vom Betrage $\frac{360°}{2q + 1}$ um die Hauptaxe entstehen, von derselben Art und direct ähnlich unter einander sind und nicht paarweise coincidiren; 2. dass ihre Anzahl nicht $2q + 1$ übersteigen kann wegen des Satzes XI.

Zusatz. — Die Anzahl der Symmetrieebenen, welche durch die Hauptaxe A^{2q+1} gehen, muss immer gleich 0 oder $2q+1$ sein.

Satz XXXIV. — Die Polyeder mit Hauptaxe A^{2q+1}, welche weder durch diese Axe gehende Symmetrieebenen, noch binäre Axen besitzen, bieten drei verschiedene Arten von Symmetrie dar, je nachdem sie eine Symmetrieebene haben, welche normal zu dieser Axe liegt oder nicht, und in diesem letzteren Fall, je nachdem sie ein Symmetriecentrum haben oder nicht.

Wenn das Polyeder eine zur Hauptaxe normale Symmetrieebene besitzt, so kann es kein Symmetriecentrum haben (Satz XXXI); alsdann ist, da die Axe eine Hauptaxe ist, die Symmetrie des Polyeders vollständig bestimmt.

Wenn die zur Hauptaxe normale Ebene keine Symmetrieebene ist, so liegt dieselbe Unmöglichkeit nicht mehr vor. Auf diese Weise werden wir, gemäss unserer früheren Bezeichnung, die drei verschiedenen Symbole haben:

$$[A^{2q+1},\ 0L^2,\ 0C,\ 0P],$$
$$[A^{2q+1},\ 0L^2,\ C,\ 0P],$$
$$[A^{2q+1},\ 0L^2,\ 0C,\ \Pi\ ].$$

Satz XXXV. — Diejenigen Polyeder mit Hauptaxe A^{2q+1}, welche entweder nur die $2q+1$ Symmetrieebenen oder nur die $2q+1$ binären Axen besitzen, die mit jener Hauptaxe verträglich sind, können weder eine zu A^{2q+1} normal liegende Symmetrieebene noch ein Symmetriecentrum haben.

[43] Dies ist eine einleuchtende Folgerung aus den Lehrsätzen XVII, XVIII, XIX und XX.

Wenn man die schon angewandten Bezeichnungen beibehält, so findet man, dass die beiden Classen von Polyedern, auf welche sich der gegenwärtige Satz bezieht, durch folgende Symbole dargestellt werden:

$$[A^{2q+1},\ (2q+1)L^2,\ 0C,\ 0P]$$
und $[A^{2q+1},\ 0L^2,\ 0C,\ (2q+1)P]$.

Satz XXXVI. — In den Polyedern, welche die Hauptaxe A^{2q+1}, ferner $2q+1$ binäre Axen und $2q+1$ durch die Hauptaxe gehende Symmetrieebenen besitzen, liegen die binären Axen auf den Symmetrieebenen oder halbiren deren Flächenwinkel.

Dieser Satz lässt sich genau so wie der Satz XXVIII beweisen.

Satz XXXVII. — Wenn in den Polyedern mit Hauptaxe A^{2q+1}, die Symmetrieebenen die binären Axen enthalten, so ist eine Symmetrieebene normal zur Hauptaxe, aber kein Centrum der Symmetrie vorhanden.

Der Beweis ist derselbe wie für den Satz XXIX. Aber die Folgerung bezüglich des Vorhandenseins des Symmetriecentrums trifft wegen des Satzes XXXI nicht mehr zu.

Satz XXXVIII. — Wenn in den Polyedern mit Hauptaxe A^{2q+1} die Symmetrieebenen mit den binären Axen alterniren, so sind letztere sämmtlich von derselben Art und fallen mit den Normalen der Symmetrieebenen zusammen; es existirt alsdann ein Symmetriecentrum, aber keine Symmetrieebene normal zu der Hauptaxe.

Die binären Axen CL_0, CL_1, CL_2, Fig. 9, theilen alsdann den halben Umfang eines Kreises, der um C als Mittelpunkt beschrieben ist, in $2q+1$ gleiche Theile. Da diese Zahl eine ungerade ist, so wird eine der Halbirenden der Winkel $L_0 C L_1$, $L_1 C L_2$ etc. normal zu CL_0 sein; folglich wird es immer eine zu der Axe CL_0 normale Symmetrieebene geben. Es ist dies die Ebene, deren Spur auf der Ebene der Fig. 9 die Gerade $P_1 C p_1$ darstellt, wobei letztere Ebene normal zur Hauptaxe vorausgesetzt ist. Das gleichzeitige Vorhandensein einer Symmetrieebene und einer binären Axe, die normal zu ihr steht, zieht dasjenige eines Symmetriecentrums nach sich (Satz XXII).

[44] Ausserdem sind die binären Axen sämmtlich mit Rücksicht auf die Hauptaxe direct ähnlich, und folglich von derselben Art. Die weissen und schwarzen Kreise der Fig. 9 zeigen die Stellung der homologen Ecken an. Die schwarzen bedeuten die unter der Zeichnungsfläche gelegenen, die weissen Kreise die über dieser Ebene gelegenen Ecken.

Die Symbole der Polyeder, auf welche sich die Sätze XXXVII und XXXVIII beziehen, werden also nach den S. 12 angenommenen Bezeichnungen sein:

$$[A^{2q+1}, (2q+1)L^2, C, (2q+1)P^2]$$
und $[A^{2q+1}, (q+1)L^2, 0C, \Pi, (2q+1)P]$.

Man sieht aus den Sätzen XXXIV, XXXV und XXXVIII, dass die Polyeder mit Hauptaxe von ungerader Ordnung nur die sieben Arten der Symmetrie haben können, welche in der Tabelle am Schluss dieser Abhandlung angegeben sind.

Man kann q in dieser Tabelle alle möglichen Werthe geben, von $q = 1$ einschliesslich bis $q = \infty$.

§. IV. — Symmetrische sphäroedrische Polyeder.

Satz XXXIX. — Jedes sphäroedrische Polyeder besitzt wenigstens zwei Axen L^q und $L^{q'}$, deren Ordnungszahlen grösser als zwei sind.

Ein sphäroedrisches Polyeder (Definition IX) kann nicht blos eine einzige Symmetrieaxe besitzen, denn sonst müssten, um die Wiederholung dieser Axe durch die Symmetrieebenen des Polyeders zu vermeiden (Satz VIII, Zusatz), diese Ebenen die einzige Symmetrieaxe enthalten oder mit ihrer Normalebene zusammenfallen. Diese einzige Axe könnte also immer als eine Hauptaxe angesehen werden und das Polyeder wäre kein sphäroedrisches.

Es giebt demnach zwei oder mehr Symmetrieaxen in den sphäroedrischen Polyedern.

Seien nun L^q und $L^{q'}$ zwei Axen, deren Ordnungszahlen q und q' nicht kleiner als die der anderen Axen sind, so behaupte ich, dass $q > 2$ und $q' > 2$ sein muss.

Nehmen wir zuerst an, dass man $q = 2$ und $q' = 2$ habe. Die Normale zur Ebene der [45] Axen L^2 und L'^2 wird ebenfalls eine Symmetrieaxe $L^{q''}$ sein (Satz XI), und da nicht $q'' > q$, $q'' > q'$ sein kann, so ist $q'' = 2$. Ueberdies stehen L^2 und L'^2 aufeinander senkrecht, sonst würde man noch eine dritte binäre Axe auf der Ebene der Axen L^2 und L'^2 haben, und q'' würde grösser sein als 2 (Satz XIII, was nicht möglich ist. Man hat also dann drei binäre rechtwinklige Axen L^2, L'^2 und L''^2, und ich behaupte, dass wenigstens eine dieser Axen als eine Hauptaxe angesehen werden kann.

In der That kann dann in dem Polyeder keine andere binäre Axe als die drei Axen L^2, L'^2 und L''^2 vorkommen, denn jede zu L^2 schräge Axe würde, mit L^2 verbunden, andere binäre Axen in der durch sie und L^2 bestimmten Ebene (Satz X, Zusatz), und eine Symmetrieaxe von höherer Ordnung als 2 entstehen lassen (Satz XIII).

Ebenso muss jede Symmetrieebene durch eine der drei Axen L^2.... gehen; ohne das würden drei andere binäre, in Bezug auf diese Ebene homologe Axen entstehen, und die Gesammtzahl der binären Axen würde sechs sein, was wir eben als unmöglich bewiesen haben. Sei also P eine Symmetrieebene, welche durch L^2 geht. Wenn eine zweite Symmetrieebene P' existirt, so muss sie normal zu P sein, sonst würde ihre Schnittlinie eine Axe sein, deren Ordnung höher als 2 wäre (Satz XI). Wir wollen also sehen, ob die Lage dieser Ebenen eine solche sein kann, dass das Polyeder keine Hauptaxe hat.

Wenn die Ebene P weder durch L'^2, noch durch L''^2 geht, so muss P' durch L^2 gehen, sonst würde ihre Schnittgerade mit P eine vierte binäre Axe vorstellen, was unmöglich ist. Ebenso verhielte es sich mit den anderen Ebenen P'' und P''', welche sämmtlich nothwendiger Weise durch L^2 gehen müssten. Also würde in diesem Falle die Axe L^2 den an die Hauptaxe gestellten Anforderungen genügen, und das Polyeder wäre nicht sphäroedrisch.

Wenn im Gegentheil die Ebene P nicht allein L^2, sondern noch eine der beiden binären Axen L'^2 und L''^2 (etwa die Axe L'^2) enthält, so wird die Ebene P', welche immer durch die zur Ebene P Normale, d. h. durch L''^2 gehen muss, die Axe L^2 oder die Axe L'^2 (etwa die Axe L^2) enthalten, damit ihre Schnittgerade mit P nicht eine vierte binäre Axe bilde. Wenn es dann noch eine dritte Ebene P'' giebt, so muss dieselbe gleichzeitig zu P und P' senkrecht sein (vergl. oben); sie wird also durch L'^2 und L''^2 gehen, und es kann keine andere Symmetrieebene vorhanden sein. In diesem Fall kann irgend eine der Axen L^2, L'^2 und L''^2 [46] als eine Hauptaxe angesehen werden, und das Polyeder ist nicht sphäroedrisch.

Folglich kann man nicht $q = 2$ und $q' = 2$ haben.

Setzen wir jetzt voraus, dass $q > 2$ und $q' = 2$ ist. Die beiden Axen L^q, L'^2 werden rechtwinkelig zu einander sein, sonst würde die Axe L'^2 die Axe L^q zwingen, sich wenigstens ein Mal zu wiederholen, und die Zahl q' wäre kleiner als die Ordnungszahl zweier Axen des Polyeders, was nach den vorher gemachten Voraussetzungen nicht möglich ist. Aus demselben Grunde kann es ausserhalb der zu L^q normalen Ebene keine weitere Axe geben. So ist also der ersten Bedingung, dass L^q eine Hauptaxe sei, Genüge gethan.

Ebenso müssen die Symmetrieebenen des Polyeders, welche der Bedingung unterworfen sind, die Axe L^q nicht neu zu erzeugen, nothwendiger Weise L^q enthalten oder rechtwinkelig dazu sein. Also wird L^q eine Hauptaxe, und das Polyeder kein sphäroedrisches sein.

Es kann also nicht $q > 2$ und $q' = 2$ sein,
folglich muss $q > 2$ und $q' > 2$ sein.

Satz XL. — Wenn in einem Polyeder zwei Axen von höherer Ordnung als der zweiten existiren, so ist das Polyeder nothwendiger Weise sphäroedrisch.

Denn wenn das Polyeder eine Hauptaxe besässe, würden die anderen Axen nothwendig binäre sein (Satz XV), was gegen die Voraussetzung ist. Folglich ist das Polyeder sphäroedrisch.

Definition X. — Die Sätze XXXIX und XL zeigen, dass man noch eine andere Definition der sphäroedrischen Polyeder, als diejenige auf S. 13 geben kann, indem man sagt, diese Polyeder seien »symmetrische Polyeder mit mehreren Axen, von denen wenigstens zwei eine Symmetrie von höherer Ordnung als der zweiten besitzen«. — Die Polyeder mit Hauptaxe können dann definirt werden als »Polyeder, welche eine oder mehrere Symmetriaxen besitzen, von denen höchstens eine von höherer als der zweiten Ordnung ist«.

Satz XLI. — In jedem sphäroedrischen Polyeder mit einer [47] Symmetrieaxe L^q von höherer Ordnung als der zweiten, muss die Gesammtzahl Q der Axen von der Ordnung q, welche zu diesem Polyeder gehören, nothwendigerweise gleich der Hälfte eines der Werthe sein, welche die Anzahl der Ecken eines regulären Hülfspolyeders haben kann, das den folgenden Bedingungen genügt: 1. dass das Centrum seiner Form zugleich ein Symmetriecentrum sei; 2. dass jede seiner Raumecken von q Seiten gebildet sei.

Die Axe L^q ist nothwendigerweise mit einer Axe $L^{q'}$ verbunden, wobei q' grösser ist als 2 (Satz XXXIX). Wenn man nun L^q um $L^{q'}$ um einen Winkel gleich $\frac{360^\circ}{q}$ dreht, wird man den Ort einer zweiten Axe der Ordnung q erhalten, welche von der ursprünglichen Axe L^q verschieden ist (Satz X, Zusatz).

Seien also OA und OB, Fig. 10, diese beiden Axen der Ordnung q, welche sich in O, dem Mittelpunkt der Form des Polyeders schneiden. Aus O als Centrum beschreiben wir die Kugel vom Radius 1, welche die beiden Axen OA und OB in A und B schneidet, und ziehen den Bogen AB eines grössten Kreises. Man kann immer annehmen:

Bogen $AB < 90^\circ$ oder $= 90^\circ$.

Im entgegengesetzten Fall würde man das Supplement des Winkels AOB in die Betrachtung einführen. Man kann ebenso immer annehmen, dass OA und OB so gewählt seien, dass ihre Neigung die allerkleinste von allen denen sei, welche die Axen der Ordnung q gegeneinander haben. Nachdem dieses festgestellt, drehen wir das Polyeder um $\dfrac{360°}{q}$ um die Axe OB von der Ordnung q. Der Punkt A wird nach C kommen: verbinden wir BC durch den Bogen des grössten Kreises, so wird

$$ABC = \frac{360°}{q}$$

sein, und die Gerade OC wird ebenfalls eine Axe der Ordnung q sein (Satz X, Zusatz). Ziehen wir ebenso den Bogen des grössten Kreises CD, so dass

$$CD = CB = AB \text{ und } BCD = \frac{360°}{q}$$

ist, so wird die Gerade OD ebenfalls eine Axe von der Ordnung q sein.

Wenn man das Polyeder ein zweites Mal um $\dfrac{360°}{q}$ um die Axe [48] OC und von B gegen D dreht, wird die Wirkung dieser zweiten Drehung darin bestehen, den Punkt B auf D zu führen. Der Punkt A bleibt auf C. Die beiden Drehungen sind äquivalent mit einer einzigen Drehung um den Punkt M, den Pol des kleinen Kugelkreises, welcher durch die Punkte A, B, C und D gelegt ist[*]). Die doppelte Drehung um OB und OC ändert die scheinbaren Orte der Ecken des Polyeders nicht: ebenso wenig verändert die einmalige Drehung um M, welche sie ersetzt, diese scheinbaren Orte; also wird die Gerade OM eine Symmetrieaxe des Polyeders sein, und man sieht, dass, wenn man das Polyeder um einen Winkel, der dem Flächenwinkel AMC gleichkommt, um OM dreht, der Ort der Ecken dadurch nicht geändert wird. Folglich ist dieser Winkel commensurabel mit dem Umfang (Satz II). Also ist die Zahl der Ecken A, B, C, D etc., welche auf dem Umfang des kleinen Kreises $ABCD$ gelegen ist, eine beschränkte: folglich bilden diese

---

[*]). Dieser Pol M liegt im Schnittpunkt der grössten Kreisbögen BM und CM, welche die sphärischen Winkel ABC und BCD halbiren.

Ecken ein regelmässiges, eingeschriebenes Polygon, dessen Seitenzahl durch r bezeichnet werden kann. Man wird immer voraussetzen dürfen, dass A und B zwei benachbarte Ecken sind; man kann also schreiben:

$$AMB = \frac{360°}{r},$$

eine Formel, in der die Zahl r nothwendigerweise grösser sein muss als 2.

Da AMB und ABC Theiler von $360°$ sind, so muss das reguläre sphärische Polygon $ABCDE$, welches sich in $CBC'D''$.. und in $A'ABC'D'$... etc. wiederholt, schliesslich die ganze Oberfläche der Kugel bedecken. Die Gesammtheit der so erhaltenen Punkte wird hier die Ecken eines regelmässigen, eingeschriebenen Polyeders bilden, und dieses regelmässige Polyeder wird nothwendigerweise eines von denjenigen sein, in welchen sich die Seiten in einer Anzahl q zusammenfinden, um jede seiner Ecken zu bilden.

Die fünf regelmässigen Polyeder der Geometrie haben sämmtlich, ausgenommen das regelmässige Tetraeder, ein Symmetriecentrum in dem Centrum ihrer Form: aber in dem der Kugel eingeschriebenen Tetraeder übersteigt der Winkelabstand AB zweier Ecken den Werth $90°$. Dieser Fall kann also nicht vorkommen, weil er unserem Constructionsverfahren zuwider ist.

[49] Das eingeschriebene Polyeder, welches aus der vorhergehenden Construction folgt, wird also entweder der Würfel sein, d. h. dem Fall $q = 3$, $r = 4$ entsprechen; man hat dann*)

$$AB = 70° 32', \quad AM = 54° 44';$$

oder das reguläre Oktaeder, was dem Fall $q = 4$, $r = 3$ entspricht; man hat alsdann:

$$AB = 90°, \quad AM = 54° 44';$$

oder das reguläre Dodekaeder, welches dem Fall $q = 3$, $r = 5$ entspricht; dann ist

$$AB = 41° 49', \quad AM = 37° 23';$$

---

*) Die Bögen AB und AM sind durch die bekannten Formeln gegeben:

$$\cos \tfrac{1}{2} AB = \operatorname{cosec} \frac{\pi}{q} \cos \frac{\pi}{r} \quad \text{und} \quad \cos AM = \cot \frac{\pi}{q} \cot \frac{\pi}{r}.$$

oder das regelmässige Ikosaeder, welches dem Fall $q = 5, r = 3$ entspricht; dann ist

$$AB = 63° \ 26', \ AM = 37° \ 23'.$$

Sei jetzt M die Zahl der Ecken des so erhaltenen regelmässigen Polyeders; da jede Ecke eine Homologe, welche ihr diametral gegenüber liegt, besitzt, so sieht man, dass die Gesammtzahl Q der Axen von der Ordnung q wenigstens gleich $\frac{1}{2}M$ sein wird. Ich behaupte ausserdem, dass nicht $Q > \frac{1}{2}M$ sein kann. Denn wenn $Q > \frac{1}{2}M$ wäre, so würde eine der Axen der Ordnung q die Kugel in einem, im Innern eines der sphärischen Polygone $ABCDE$ gelegenen, Punkt X treffen. Einer der Winkelabstände zwischen X und den Ecken A, B, C, D würde nothwendigerweise kleiner als AM und um so mehr als AB sein (nach der synoptischen Tabelle der zusammengehörigen Werthe von AB und AM), was der Voraussetzung von der geringsten Neigung der beiden Axen OA und OB widerspricht. Es kann also nicht

$$Q > \tfrac{1}{2}M$$

sein; folglich ist

$$Q = \tfrac{1}{2}M$$

[50] *Satz XLII.* — **Ein sphäroedrisches Polyeder kann nur ternäre, quaternäre oder quinäre Axen haben, die binären Axen nicht mitgerechnet.**

Das folgt aus dem Inhalt des vorhergehenden Satzes. Da L^q eine der Axen des Polyeders ist, so kann die Zahl q nur die Anzahl der Seiten sein, welche sich verbinden können, um die Ecke eines regelmässigen Polyeders zu bilden; folglich muss man haben:

$$q = 3 \text{ oder } 4 \text{ oder } 5.$$

Satz XLIII. — **Es giebt zwei verschiedene Gruppen sphäroedrischer Polyeder, solche, welche vier ternäre Axen, und solche, welche zehn ternäre Axen besitzen.**

Wir wollen nach einander die vier Fälle untersuchen, zu denen die gegenseitige Neuerzeugung der Q Axen L^q führt, und sei immer M die Zahl der Ecken des regelmässigen, eingeschriebenen Polyeders, auf welche diese Art der Wiederholung führt.

In dem Falle des Würfels ist (Satz XLI)

$$q = 3, \ M = 8, \ Q = \tfrac{1}{2}M = 4.$$

In dem Falle des Oktaeders ist

$q = 4, M = 6, Q = \tfrac{1}{2} M = 3.$

Die drei quaternären Axen, welche man so erhält, sind rechtwinkelig zu einander, also giebt es dann vier ternäre Axen (Satz XIV), und es kann keine grössere Anzahl geben, denn die neuen ternären Axen würden die quaternären Axen zwingen, sich zu wiederholen, so dass $Q > 3$ wäre, was unmöglich ist.

In dem Fall des Dodekaeders ist

$$q = 3, M = 20, Q = \tfrac{1}{2} M = 10.$$

In dem Fall des Ikosaeders

$$q = 5, M = 12, Q = \tfrac{1}{2} M = 6.$$

[51] Seien jetzt M, M_0 und M_1, Fig. 12, drei benachbarte Ecken eines eingeschriebenen Ikosaeders. Die von dem Centrum der Kugel auf die Seite MM_0M_1 gefällte Normale ist augenscheinlich eine ternäre Axe, und da das Ikosaeder zwanzig paarweise parallele Flächen hat, so wird es zehn ternäre Axen haben; aber es kann deren keine grössere Zahl besitzen, denn für $q = 3$ findet man nur die beiden Werthe $Q = 4$ und $Q = 10$ (Satz XLI). Folglich etc.

Zusatz. — Wir können also die sphäroedrischen Polyeder in zwei Gruppen theilen: die **quaterternären** mit vier ternären Axen, welche wie die vier Hauptdiagonalen eines Würfels angeordnet sind, und die **decemternären** mit zehn ternären Axen, welche wie die zehn Hauptdiagonalen eines regelmässigen Dodekaeders angeordnet sind.

Quaterternäre Polyeder.

Satz XLIV. — **Wenn man einen Würfel construirt, welcher als Diagonalen die vier ternären Axen eines gegebenen quaterternären Polyeders hat, so sind die drei, vom Centrum der Form auf die Seitenflächen dieses Würfels gefällten Normalen, für das Polyeder drei Axen von gleicher Art, und besitzen binäre oder quaternäre Symmetrie.**

Man beschreibe um das Centrum der Form des Polyeders, dem Schnittpunkt seiner vier ternären Axen, als Mittelpunkt, mit der Einheit als Radius, eine Kugel, welche die oberen Enden unserer vier ternären Axen in A, A_0, A_1 und A_2, Fig. 11, schneiden soll. (Ich habe die Oberfläche dieser Kugel stereographisch auf die Ebene des grössten Kreises, dessen Pol A ist, projicirt; der Leser wird jedoch gebeten, der Darstellung so zu folgen, als ob sie sich auf der Kugel bewege. Deren Mittelpunkt O ist auf der Figur nicht bezeichnet.) Der eingeschriebene Würfel, dessen vier obere Ecken A, A_0, A_1 und A_2 sind, wird in B_0, B_1 und B_2 die A_0, A_1 und A_2 diametral gegenüber liegenden Ecken haben. $A A_0 B_1 B_2$, $A A_0 B_2 A_1$ und $A A_1 B_0 A_2$ sind drei sphärische quadratische Polygone, deren Mittelpunkte M_0, M_1 und M_2 die Endpunkte der drei Normalen sind, welche vom Mittelpunkt auf die Seitenflächen des eingeschriebenen Würfels gefällt werden.

Eine doppelte Drehung von 120°, nämlich erstens um A_2 als Pol, von A gegen B_0 hin, und zweitens um B_0 als Pol, von A_2 [52] gegen A_1 hin, führt A auf B_0 und A_2 auf A_1, ohne den Ort der Ecken zu ändern. Diese doppelte Drehung ist äquivalent einer Drehung von 180° um den Pol M_0. Also ist $O M_0$ eine Axe, deren Symmetrie 2 oder ein Vielfaches von 2 ist. Ausserdem aber kann die Symmetrie von $O M_0$ nicht von höherer Ordnung als 4 sein; sonst würde die Zahl der ternären Axen, welche um den Pol M_0 gelegen sind, 4 übersteigen, was den Anfangsbedingungen widerspricht. Also sind die drei rechtwinkeligen Axen $O M_0$, $O M_1$ und $O M_2$ binär oder quaternär.

Satz XLV. — **Die quaterternären Polyeder, mit zu einander rechtwinkeligen binären Axen, können keine andere binäre Axe besitzen.**

Wenn eine andere binäre Axe existirte, so könnte sie den oberen Theil der Kugeloberfläche, Fig. 11, nur in einem der drei Punkte durchschneiden, welche die Mittelpunkte, entweder der Bögen $A A_0$, $A A_1$ und $A A_2$, oder der homologen Bögen $A_0 B_1$ $A_0 B_2$, $A_1 B_2$, $A_1 B_0$, $A_2 B_0$ und $A_2 B_1$ sind, denn für jede andere Stellung würde diese Axe die ternären Axen zwingen sich zu wiederholen, was ihre Anzahl verdoppeln würde. Setzen wir voraus, dass G_0, die Mitte von $A A_0$, der Endpunkt der neuen binären Axe sei, so werden zwei Drehungen des Polyeders, erstens von 180° um den Pol G_0, zweitens von 120° um den Pol A_0 in dem Sinne A gegen B_1,

A nach A_0, dann nach A_0.
A_0 nach A , dann nach B_1,
B_1 nach A_1, dann nach A_2.
A_2 nach B_2, dann nach A

bringen.

Diese beiden Drehungen, welche die Orte der Ecken des Polyeders ungeändert lassen, sind äquivalent einer einzigen Drehung von 90° um M_1 in dem Sinne A gegen A_0. Dann würde also der Pol M_1 das Ende einer quaternären Axe sein, was den Ausgangsbedingungen widerspricht.

Es kann also keine andere binäre Axe existiren.

Anmerkung. — Sei S, Fig. 11, eine Ecke des gegebenen Polyeders. Man darf voraussetzen, dass diese Ecke sich auf der Oberfläche der Kugel befindet, indem man ihre Entfernung OS zum Centrum der Form des Polyeders als Einheit nimmt; ihre beiden Homologen in Bezug auf den ternären Pol A sind S' und S''. Das System $S S' S''$ wird sich [53] in Folge des binären Charakters der Pole M_0, M_1 und M_2 in $S_0 S_0' S_0''$, $S_1 S_1' S_1''$ und $S_2 S_2' S_2''$ wiederholen. Das vollständige System der Homologen einer und derselben Ecke wird also im gegenwärtigen Fall ein Polyeder sein, welches man der Kugel einschreiben kann.

Diese Eigenschaft, welche sich bei allen sphäroedrischen Polyedern wiederholt, dient zur Rechtfertigung des Namens, den wir ihnen gegeben haben, ein Name, welcher übrigens schon in einem analogen Sinne in der krystallographischen Terminologie des berühmten Professor *Weiss* angewendet ist.

Zusatz. — Aus der Anordnung der zwölf Ecken dieses Polyeders ergiebt sich leicht, dass dasselbe weder Symmetrieebenen noch ein Symmetriecentrum besitzt, wenigstens in dem allgemeinen Falle, wo die Ecke S keine Besonderheit in Bezug auf ihre Stellung im Inneren des sphärischen Dreiecks $A_0 A_2 A$ darbietet. (Vergl. den Beweis der beiden folgenden Sätze.)

Satz XLVI. — **Die quaterternären Polyeder mit binären, rechtwinkeligen Axen können entweder sechs Symmetrieebenen besitzen, welche mit den sechs, die ternären Axen paarweise verbindenden, Ebenen zusammenfallen, oder aber drei Symmetrieebenen, welche mit den drei, die binären Axen paarweise verbindenden, Ebenen zusammenfallen. Eine andere Symmetrieebene kann denselben nicht zukommen.**

Jede andere Lage einer Symmetrieebene, als die eben angeführten, würde die vier ternären Axen veranlassen sich zu wiederholen, und muss folglich verworfen werden.

Wenn $A_1 A M_1$, Fig. 11, eine der Symmetrieebenen darstellt, so verlangt der ternäre Charakter des Poles A, dass auch $A_2 A M_2$ und $A_0 A M_0$ solche seien; der ternäre Charakter des Poles A_1 zwingt uns, diese Folgerung auf die Ebenen $B_2 A_1 M_0$ und

$B_0 A_1 M_2$ auszudehnen, und das Gleiche trifft mit Rücksicht auf die binäre Axe OM für $A_0 M_1 A_2$ zu (Satz XXIII).

In diesem Fall ist jedes der Dreiecke $SS'S''$, $S_0 S_0' S_0''$, $S_1 S_1' S_1''$ und $S_2 S_2' S_2''$ durch ein Sechseck ersetzt. Wir haben uns darauf beschränkt, dasjenige darzustellen, welches die Ecke B_0 umgiebt. Die vierundzwanzig Ecken des Polyeders lassen sich auf zwölf zurückführen, wenn die Ecke S, welche für die Stellungen aller anderen als maassgebend angesehen wird, auf einen der drei grössten Kreisbögen $A_0 A M_0$, $A_1 A M_1$, $A_2 A M_2$ fällt. Diese Ecken können auf vier reducirt werden, wenn S mit A zusammenfällt etc.

Setzen wir jetzt voraus, dass $M_2 G_0 M_1$ eine Symmetrieebene vorstelle; [54] alsdann werden, in Folge des ternären Charakters des Poles A, auch $M_1 G_2 M_0$ und $M_0 G_1 M_2$ Symmetrieebenen sein. In diesem Falle wiederholt sich das Dreieck $SS'S''$ um die Pole A_0, A_1 und A_2. Wir haben uns darauf beschränkt, diese Art der Wiederholung um den Pol A_1 abzubilden. Das Dreieck $\sigma \sigma' \sigma''$ ist alsdann das Homologe von dem Dreieck $SS'S''$ in Bezug auf die Symmetrieebene $M_2 G_1 M_0$.

Uebrigens können diese beiden Systeme von Symmetrieebenen nicht gleichzeitig vorkommen, denn es würde sonst vier Symmetrieebenen geben, welche sich im Pol M_0 schnitten, und die Axe OM_0 wäre dann mindestens quaternär (Satz XI), was den im Satze gemachten Bedingungen widerspricht.

Satz XLVII. — **Die quaterternären Polyeder mit binären rechtwinkeligen Axen können nur unter der Bedingung ein Symmetriecentrum haben, dass sie drei Symmetrieebenen besitzen, welche die binären Axen paarweise verbinden, und umgekehrt zieht das Vorhandensein dieser Ebenen dasjenige des Symmetriecentrums nach sich.**

Dies ist eine Folgerung aus den Sätzen XXI und XXII.

Satz XLVIII. — **Die quaterternären Polyeder mit binären rechtwinkeligen Axen können nur drei verschiedene Arten von Symmetrie haben, je nachdem sie keine Symmetrieebenen, oder sechs durch die ternären Axen gehende, oder drei durch die binären Axen gehende Symmetrieebenen besitzen.**

Dies ist eine Folgerung aus dem Zusatze zu dem Satze XLV und aus dem Satze XLVI. Mit Rücksicht auf den Satz XLVII und die Bestimmungen, welche wir S. 12 machten, hat man die drei Symbole:

$$[4L^3,\ 3L^2,\ 0C,\ 0P],$$
$$[4L^3,\ 3L^2,\ C,\ 3P^2],$$
$$[4L^3,\ 3L^2,\ 0C,\ 6P].$$

Satz XLIX. — **Jedes quaterternäre Polyeder mit quaternären Axen besitzt sechs binäre Axen, welche die gegenüberliegenden Kanten eines Würfels, dessen Diagonalen die vier ternären Axen des Polyeders sind, paarweise verbinden.**

[55] Ich behaupte, dass, wenn man den Mittelpunkt O der Kugel, Fig. 11, mit dem Punkte G_0, der Mitte von AA_0, verbindet, diese Gerade eine binäre Axe des Polyeders sein muss.

Geben wir dem Polyeder eine Drehung von $90°$ um OM_1 von A gegen A_0 hin, und eine zweite Drehung von $120°$ um OA_0 von B_1 gegen A, so wird diese doppelte Bewegung, welche die scheinbaren Orte der Ecken nicht verändert,

A auf A_0, dann auf A_0,
A_0 auf B_1, dann auf A,
B_1 auf A_2, dann auf A_1,
A_2 auf A, dann auf B_2

führen.

Das Resultat dieser beiden Drehungen ist dasselbe, wie wenn man das Polyeder um $180°$ um G_0 gedreht hätte: also ist OG_0 eine Axe von gerader Ordnung, die offenbar nur binär sein kann, und das Gleiche würde für die fünf übrigen Geraden, die Homologen von OG_0, der Fall sein. Drei der sechs binären Axen sind in der Ebene des Grundkreises der Projection der Kugel gelegen.

Man könnte beweisen, wie das schon in dem Beweise des Satzes XLV geschehen ist, dass jede andere Gerade ungeeignet sein würde, eine binäre Axe des Systems zu sein.

Satz L. — **Die quaterternären Polyeder mit quaternären Axen haben, wenn sie überhaupt Symmetrieebenen besitzen, deren nothwendigerweise sechs, welche durch die ternären Axen gehen, und drei, welche durch die quaternären Axen gehen: sie haben zu gleicher Zeit ein Symmetriecentrum.**

Ich werde die Ebenen, welche durch die quaternären Axen gehen, mit P^4 bezeichnen und diejenigen, welche durch die ternären Axen gehen, mit P^2. Man hat schon früher, (bei dem Beweise des Satzes XLVI) gesehen, dass dies die einzig möglichen Symmetrieebenen sind.

Nehmen wir das Vorhandensein der Ebenen P^4 an; $M_0 G_1 M_2$ und $M_0 G_2 M_1$, Fig. 11, werden zwei Symmetrieebenen sein, welche sich in einer quaternären Axe schneiden, folglich werden $A M_0 B_0$ und $A_1 M_0 A_2$ ebenfalls Symmetrieebenen sein (Satz XXV). Das System P^2 gesellt sich also dem System P^4 zu. Man würde ebenso beweisen, dass das System der Ebenen P^2 immer die Coexistenz des Systems der Ebenen P^4 bedingt.

Jede der drei Ebenen des Systems P^4 ist normal zu einer der drei quaternären Axen. [56] Die sechs Ebenen des Systems P^2 sind je zu einer der sechs binären Axen normal; denn wenn man in einem Würfel mit vier verticalen Kanten, die Mitten von zwei einander gegenüberliegenden dieser vier Kanten verbindet, so wird jede dieser Geraden normal zu der Ebene sein, welche durch die beiden anderen Kanten geht. Das Vorhandensein der Symmetrieebenen zieht überdies dasjenige des Symmetriecentrums nach sich (Satz XXII).

Satz LI. — **Bei den quaterternären Polyedern mit quaternären Axen sind nur zwei Arten von Symmetrie zulässig, je nachdem sie Symmetrieebenen besitzen oder nicht.**

Dies folgt aus dem vorhergehenden Satze.

In dem Falle, wo das Polyeder gar keine Symmetrieebene besitzt, kann es kein Symmetriecentrum haben, in Folge des Satzes XXI. Das vollständige System der Homologen der Ecke S, Fig. 11, bildet alsdann ein eingeschriebenes Polyeder von vierundzwanzig Ecken, welche sich zu dreien um jeden der acht Pole A, A_0, A_1, A_2, B_0 etc. gruppiren. Man hat sich bei der Figur darauf beschränkt, das Dreieck $\sigma_2 \sigma_2' \sigma_2''$ darzustellen, welches in diesem Falle den Pol A_2 umgiebt.

Wenn das Polyeder seine neun Symmetrieebenen hat, so sind die acht Dreiecke $S S' S''$, $S_0 S_0' S_0''$ etc. durch acht Sechsecke ersetzt, und das System der Homologen umfasst achtundvierzig Ecken.

Die Symbole dieser beiden Arten von Symmetrie sind die folgenden:

[$3 L^4$, $4 L^3$, $6 L^2$, $0 C$, $0 P$]
[$3 L^4$, $4 L^3$, $6 L^2$, C, $3 P^4$, $6 P^2$].

Decemternäre Polyeder.

Satz LII. — Wenn man ein reguläres Dodekaeder construirt, das zu Diagonalen die zehn ternären Axen eines gegebenen decemternären Polyeders hat, so sind die sechs Normalen, welche von dem Centrum der Form auf die Seitenflächen dieses Dodekaeders gefällt werden, quinäre Symmetrieaxen für dieses Polyeder.

Mit der Einheit als Radius, und dem gemeinsamen Schnittpunkt der zehn ternären Axen als Mittelpunkt, beschreibe man eine Kugel, welche in A_0, A_1, [57] A_2, A_3, A_4, B_0, B_1, B_2, B_3. B_4, Fig. 12, die oberen Hälften der zehn ternären Axen schneidet. (Ich habe die Oberfläche dieser Kugel auf der Ebene des grössten Kreises stereographisch projicirt, welcher parallel der Fläche $A_0 A_1 A_2 A_3 A_4$ des eingeschriebenen regelmässigen Dodekaeders, dessen Ecken diese Endpunkte A_0, A_1, ... $B_0 B_1$ etc. sind, gelegen ist. Der Leser wird gebeten, sich die Punkte und Linien der Figur auf der Oberfläche der Kugel selbst zu denken; der Mittelpunkt O der Kugel ist auf der Zeichnung nicht angegeben.) Indem man die Schnittpunkte paarweise verbindet, entstehen regelmässige sphärische Fünfecke, deren zwölf Mittelpunkte M, M_0, M_1, ... N_0, N_1 etc. die äussersten Enden derjenigen Radien sind, welche vom Mittelpunkt der Kugel normal zu den zwölf Seitenflächen des Dodekaeders gezogen werden.

Zwei Drehungen von $120°$, die eine um OA_0, von A_4 gegen B_0 hin, die andere um OB_0 von A_0 gegen C_2 hin, werden A_4 auf B_0 und A_0 auf C_2 führen. Diese beiden Drehungen, welche die Orte der Ecken des Polyeders nicht ändern, sind gleichwerthig mit einer einzigen Drehung von $144°$ um OM_2 von A_0 gegen B_0 hin; diese würde, drei Mal wiederholt, einer Drehung von $72°$ gleich sein; also ist die Axe OM_2 eine quinäre Axe, und es verhält sich ebenso mit OM, OM_0, OM_1 etc. Die Punkte M_0, M_1, etc sind die Ecken eines regelmässigen der Kugel eingeschriebenen Ikosaeders.

Satz LIII. — Die decemternären Polyeder besitzen immer fünfzehn binäre Axen.

Man drehe das gegebene Polyeder um $72°$ um OM, Fig. 12, von A_0 nach A_1 hin, dann um $120°$ um OA_1, von A_2 nach A_0 hin; in Folge dieser beiden Drehungen kommt der Pol A_0 auf A_1

und A_1 kommt auf A_0. Das Endresultat ist dasselbe, wie wenn das Polyeder um 180^0 um den Radius OG gedreht wäre, der in der Mitte des Bogens $A_0 A_1$ endigt. Nun sind die scheinbaren Orte der Ecken nicht geändert; folglich ist G der Endpunkt einer Axe von gerader Ordnung, die augenscheinlich eine binäre Axe ist. Da das regelmässige Dodekaeder dreissig paarweise gegenüberliegende Seiten hat, so ist die Gesammtzahl der binären Axen gleich fünfzehn.

Kein anderer Durchmesser der Kugel kann eine binäre Axe sein, denn welches auch seine Stellung sein mag, so würde er die ternären Axen zwingen sich zu wiederholen, und man würde mehr als zehn ternäre Axen erhalten, was wie wir wissen unmöglich ist. (Satz XLIII).

[58] Man könnte die fünfzehn binären Axen auch erhalten, indem man die Mitten der gegenüberliegenden Kanten des Ikosaeders $M M_0 M_1$ ... paarweise mit einander verbindet.

Satz LIV. — **Die decemternären Polyeder können die fünfzehn Ebenen, welche durch die paarweise verbundenen sechs quinären Axen gehen, zu Symmetrieebenen haben. Im entgegengesetzten Falle haben diese Polyeder gar keine Symmetrieebene.**

Betrachten wir speciell eine Ebene, welche durch den Mittelpunkt der Kugel und durch die Ecken M und M_3 geht, Fig. 12. Diese Ebene wird eine Symmetrieebene für das Punktsystem $A_0, A_1), (A_1, A_2) \ldots , (M_2, M_4), (M_1, M_0)$ etc. sein; sie zieht also nicht die Verdoppelung der Zahl der Axen nach sich, folglich widerspricht Nichts der Existenz einer solchen Symmetrieebene.

Nun liegt die Ebene $M M_3$ normal zu der Geraden $K K'$, die eine binäre Axe des Systems ist. Die Homologen dieser Ebene sind im Ganzen fünfzehn an Zahl, nämlich $M M_0$, $M M_1$, $M M_2$, $M M_3$, $M M_4$; $M_0 M_2$, $M_1 M_3$, $M_2 M_4$, $M_3 M_0$, $M_4 M_1$; $M_0 M_1$, $M_1 M_2$, $M_2 M_3$, $M_3 M_4$, $M_4 M_0$. Dies sind augenscheinlich die einzigen Symmetrieebenen, welche das Polyeder besitzen kann; für jede andere Stellung würde die Anzahl der ternären Axen 10 übersteigen, was nicht der Fall sein kann (Satz XLIII).

Die Figur 12 zeigt die Anordnung der sechzig homologen Ecken von S um die Pole A_0, A_1, etc. in dem Falle, wo das Polyeder gar keine Symmetrieebene besitzt.

Wenn aber die fünfzehn Symmetrieebenen, welche oben angegeben sind, im Polyeder existiren, so wird das Dreieck $S S' S''$

durch ein Sechseck ersetzt. Um die Figur nicht zu überladen, hat man sich darauf beschränkt, nur eins dieser Sechsecke, dasjenige, welches den Pol B_0 umgeben würde, darzustellen. Das System der Homologen von S umfasst alsdann hundert und zwanzig Ecken. Für gewisse besondere Stellungen von S kann sich diese Anzahl auf sechzig, auf zwanzig, ja auf zwölf Ecken reduciren. Dieser letzte Fall tritt ein, wenn die Ecke S am Ende einer der quinären Axen des Systems gelegen ist.

Satz LV. — **Wenn das decemternäre Polyeder die fünfzehn Symmetrieebenen besitzt, welche in dem vorhergehenden Satze angegeben wurden, so sind diese Ebenen [59] zu den fünfzehn binären Axen normal, und das Polyeder besitzt ein Symmetriecentrum. Im entgegengesetzten Falle hat es keines.**

Es folgt aus dem Beweis des vorhergehenden Satzes, dass die binäre Axe KOK', Fig. 12, normal zu der Ebene $M_3 G M A_3$ ist. Nun ist aber diese Ebene eine der fünfzehn Symmetrieebenen des Polyeders, folglich ist jede dieser Ebenen normal zu einer der fünfzehn binären Axen, also besitzt das Polyeder dann ein Symmetriecentrum (Satz XXII). Wenn aber das Polyeder ohne Symmetrieebenen wäre, so könnte es wegen seiner binären Axen kein Symmetriecentrum besitzen (XXI).

Satz LVI. — **Die decemternären Polyeder haben zwei verschiedene Arten von Symmetrie, je nachdem sie ein Symmetriecentrum besitzen oder nicht.**

Dies ist eine Folge der Sätze LIV und LV.

Die Symbole dieser beiden Arten sind:

$$[6 L^5, 10 L^3, 15 L^2, 0 C, 0 P],$$
$$[6 L^5, 10 L^3, 15 L^2, C, 15 p^2].$$

Satz LVII. — **Die Axen, welche die Symmetrie der quaterternären Polyeder mit binären rechtwinkeligen Axen charakterisiren, gehen auch in die Symmetrie der decemternären Polyeder ein.**

Wählen wir einen beliebigen Punkt einer ternären Axe. z. B. A_2. Fig. 12. Die Mitte G einer der beiden Seiten $A_1 A_0$, $A_3 A_4$, welche der in dem Fünfeck $A_0 A_1 A_2 A_3 A_4$ der Ecke A_2 gegenüberliegenden Seite $A_0 A_4$ anliegen, wird der Endpunkt einer binären Axe sein (Satz LIII). Dasselbe wird der Fall sein mit den Punkten H und K, welche die Homologen von G in

Bezug auf die ternäre Axe OA_2 sind. In dem sphärischen Dreieck HGK sind die drei Winkel H, G und K rechte. Also sind die drei Seiten HG, KG und HK gleich 90^0.

Die drei Axen OG, OH und OK sind demnach drei rechtwinklige binäre Axen, und das sphärische Dreieck GHK ist ein solches mit drei rechten Winkeln. Die Ecke A_2 ist der Mittelpunkt dieses Dreiecks. Ebenso wird A_4 der Mittelpunkt des ebenfalls drei rechte Winkel besitzenden Dreiecks GHK' sein, B_0 dasjenige [60] des ebenso beschaffenen Dreiecks $GK''H'$, wenn H' das untere Ende der Axe OH ist, und B_1 der Mittelpunkt des Dreiecks KGH' mit drei rechten Winkeln.

Die vier ternären Axen OA_2, OA_4, OB_0, OB_1 combiniren sich also mit den drei binären rechtwinkeligen Axen in derselben Stellung zu einander, welche die quaterternären Polyeder mit binären rechtwinkligen Axen charakterisirt.

Anmerkung. — Man könnte an die Stelle der Combination OA_2, OA_4, OB_0, OB_1 eine der folgenden vier Combinationen setzen.

[OA_0, OA_4, OB_1, OB_2], [OA_0, OA_2, OB_3, OB_4]
[OA_1, OA_3, OB_0, OB_4], [OA_1, OA_4, OB_2, OB_3].

Satz LVIII. — Die Polyeder [$6L^5$, $10L^3$, $15L^2$, $0C, 0P$] besitzen alle Elemente der Symmetrie der Polyeder [$4L^3$, $3L^2$, $0C$, $0P$]. Die Polyeder [$6L^5$, $10L^3$, $15L^2$, C, $15P^2$] besitzen alle Elemente der Symmetrie der Polyeder [$4L^3$, $3L^2$, C, $3P^2$].

Der auf die Symmetrieaxen bezügliche Theil dieses Satzes ist schon in dem vorigen Satze bewiesen worden. Man schliesst daraus leicht, dass die Polyeder [$6L^5$, $10L^3$, $15L^2$, $0C$, $0P$] alle Elemente der Symmetrie der Polyeder [$4L^3$, $3L^2$, $0C$, $0P$] besitzen.

Wenn das decemternäre Polyeder ausserdem noch fünfzehn Symmetrieebenen besitzt, so werden die Flächen KG, GH, HK der Fig. 12 sich darunter befinden, und werden die Ebenen $3P^2$ der Polyeder [$4L^3$, $3L^2$, C, $3P^2$] vorstellen. Da das Centrum der Symmetrie C in beiden Fällen existirt, so sieht man, dass die durch [$4L^3$, $3L^2$, C, $3P^2$] charakterisirte Symmetrie in der vollständigeren der Polyeder [$6L^5$, $10L^3$, $15L^2$, C, $15P^2$] mit inbegriffen ist.

Anmerkung. — Die Lehrsätze LVII und LVIII sind für die allgemeine Theorie der symmetrischen Polyeder nur indirect von Bedeutung. Sie sind hier mit Rücksicht auf die Anwendung gegeben, welche man in der Krystallographie bei dem Studium des regulären Systems davon machen kann.

Eintheilung der Polyeder nach der Art ihrer Symmetrie
[61] mit Angabe der Minimalzahl ihrer Ecken.

Polyeder				Symbol der Symmetrie des Polyeders	Classe des Polyeders	Minimalzahl der Ecken der			
						1. Art	2. Art	3. Art	4. Art
asymmetrisch				$0L, 0C, 0P$	1.	1	1	1	1
symmetrisch	ohne Axen			$\{0L, C, 0P$	2.	2	2	2	
				$\{0L, 0C, P$	3.	1	1	1	
	mit einer Hauptaxe	von gerader Ordnung		$A^{2q}, 0L^2, 0C, 0P$	4.	$2q$	$2q$		
				$A^{2q}, 0L^2, C, H$	5.	$2q$	$2q$		
				$A^{2q}, qL^2, qL'^2, 0C, 0P$ . . .	6.	$4q$			
				$A^{2q}, 0L^2, 0C, qP, qP'$	7.	$2q$	1		
				$A^{2q}, qL^2, qL'^2, C, H, qP, qP'^2$ . .	8.	$2q$	0od.$2q^*$		
				$A^{2q}, 2qL^2, 0C, 2qP$	9.	$4q$			
		von ungerader Ordnung		$A^{2q+1}, 0L^2, 0C, 0P$	10.	$2q+1$	$2q+1$		
				$A^{2q+1}, 0L^2, C, 0P$	11.	$4q+2$	$4q+2$		
				$A^{2q+1}, 0L^2, 0C, H$	12.	$2q+1$	$2q+1$		
				$A^{2q+1}, (2q+1)L^2, 0C, 0P$.	13.	$4q+2$			
				$A^{2q+1}, 0L^2, 0C, (2q+1)P$.	14.	$2q+1$	1		
				$A^{2q+1}, (2q+1)L^2, C, (2q+1)P'^2$	15.	$4q+2$			
				$A^{2q+1}, (2q+1)L^2, 0C, H, (2q+1)P$	16.	$2q+1$			
	sphäroedrisch	ternär		$4L^3, 3L^2, 0C, 0P$	17.	12			
				$4L^3, 3L^2, C, 3P^2$	18.	12			
				$4L^3, 3L^2, 0C, 6P$	19.	4			
		quaternär		$3L^4, 4L^3, 6L^2, 0C, 0P$	20.	24			
				$3L^4, 4L^3, 6L^2, C, 3L^4, 6P^2$ . .	21.	6			
		decam.		$6L^5, 10L^3, 15L^2, 0C, 0P$ . . .	22.	60			
				$6L^5, 10L^3, 15L^2, C, 15P^2$ . . .	23.	12			

Vorstehende Tabelle giebt eine Eintheilung der Polyeder in dreiundzwanzig Classen nach den in dieser Abhandlung dargelegten Principien. Zum Verständniss der Symbole A, L, L', C, H, P, P' vergl. p. 12.

Man wird bemerken, dass die Classen 4, 5 bis incl. 16 wieder in Ordnungen von verschiedener Art zerfallen, je nach der Ordnungszahl der Symmetrie der Hauptaxe.

[62] Man wolle z. B. nach dieser Tabelle die integrirenden Elemente der Symmetrie eines Polyeders der 7. Classe 4. Ordnung kennen lernen. Sein Symbol wird sein:

$$[A^4, 0L^2, 0C, 2P, 2P'];$$

woraus man sieht, dass dieses Polyeder eine quaternäre Axe

---

*) Die Minimalzahl der Ecken der 2. Art ist gleich $2q$, wenn $q=1$, und 0, wenn $q>1$.

besitzt, vier durch diese Axe gehende Symmetrieebenen, welche einander unter 45° schneiden, zwei Ebenen einer ersten Art, welche zu einander rechtwinkelig sind. und zwei andere gleichfalls zu einander rechtwinkelige Ebenen, aber von einer anderen Art als die vorigen — dagegen keine binäre Axe und kein Symmetriecentrum.

Die vier letzten Columnen zeigen die geringste Anzahl der Ecken jedes Polyeders an. Alle Ecken derselben Art bilden ein System von homologen Ecken und es giebt ebenso viele solcher homologen Systeme, als verschiedene Arten von Ecken in dem Polyeder.

Durch eine kurze Ueberlegung wird man leicht die Gestalt finden, welche das Polyeder mit der geringsten Anzahl von Ecken haben muss. So wird das einfachste Polyeder sein:

in der 1. Classe das nicht reguläre Tetraeder;
in der 2. Classe das nicht reguläre Oktaeder mit parallelogrammatischen Grundflächen;
in der 3. Classe das ungleichseitige Dreieck;
in der 19. Classe das reguläre Tetraeder;
in der 21. Classe das reguläre Oktaeder;
in der 23. Classe das reguläre Ikosaeder etc.

Anmerkungen.

In dem Entwickelungsgange, welchen die krystallographische Forschung in neuester Zeit genommen hat, treten augenblicklich ganz besonders theoretische Fragen in den Vordergrund, so diejenigen der Molekularstructur der Krystalle und der systematischen Eintheilung der Krystallformen. Nicht nur in Deutschland und Frankreich bewegt sich eine Reihe neuerer Studien auf diesem Gebiete, sondern auch in Russland und England fängt man mit Erfolg an, sich diesen Fragen zuzuwenden.

Wenn nun auch schon frühere Arbeiten von *Hessel*, *Frankenheim*, *Möbius* u. A. nicht unwichtige Beiträge zu denselben geliefert haben, so bilden die Grundlage der Entwicklung, welche die Sache in den letzten Jahrzehnten genommen hat, doch wesentlich die Arbeiten von *Bravais*, dessen Theorie der regelmässigen Punktsysteme wohl in vielen Fällen eine ausreichende Erklärung für die Eigenschaften einer krystallisirten Substanz zu geben im Stande sein dürfte, während für gewisse complicirtere Fälle diejenigen Theorien, welche als weitere Verallgemeinerungen namentlich von *Sohncke* aufgestellt worden sind, vortheilhaft herbeizuziehen wären.

Da es nun in der nächsten Zeit einer der wichtigsten Gegenstände der Forschung auf diesem Gebiete sein dürfte, für bestimmte krystallisirte Substanzen durch das Studium ihrer physikalischen Eigenschaften, Krystallisationsverhältnisse u. s. w. Anhaltspunkte aufzusuchen für Schlüsse auf ihre Molekularstructur, so scheint es gerade jetzt von besonderer Wichtigkeit, jene grundlegenden Arbeiten von *Bravais*, welche bisher nur einer sehr kleinen Zahl von Forschern bekannt waren, weiteren Kreisen zugänglich zu machen.

Diese Gesichtspunkte haben uns veranlasst, die *Bravais*-schen Abhandlungen, welche sich mit theoretischer Krystallographie beschäftigen, in die »Klassiker der exacten Wissenschaften« aufzunehmen, und beginnen wir hier mit den beiden ersten, der kürzeren:

»Note sur les polyèdres symétriques de la géometrie« und der umfangreicheren, »in echt geometrischem Geiste geschriebenen Denkschrift«*):

»Mémoire sur les polyèdres de forme symétrique«, welche im »Journal de mathématiques pures et appliquées par *Liouville*, *14*, p. 137—140 resp. 141—180« im J. 1849 erschienen sind.

Dieser sollen später die Abhandlungen über die regelmässigen Punktsysteme als 2. Theil und die wohl am wenigsten bekannten »krystallographischen Studien« als 3. Theil folgen. Sämmtliche genannten Abhandlungen bilden den Inhalt einer im J. 1866 im Verlage von *Gauthier-Villars* in Paris erschienenen Ausgabe mit dem Titel: Études cristallographiques par A. Bravais.

Dieses Werk, welches verhältnissmässig geringere Verbreitung gefunden zu haben scheint, ist der vorliegenden deutschen Bearbeitung zu Grunde gelegt worden.**)

---

*) *Möbius*, Gesammelte Werke 2, 363.
**) Auf diese Ausgabe beziehen sich die eingeklammerten Seitenzahlen.